全国铁道职业教育教学指导委员会规划教材
高等职业教育建筑工程技术专业"十二五"规划教材

建筑制图任务引导及强化册

杨小玉　主编
武晓丽　主审

中国铁道出版社
2012年·北　京

内 容 简 介

本强化册与高等职业教育建筑工程技术专业“十二五”规划教材《建筑制图》配套使用。主要内容如下：建筑基本构件图强化训练（墙类构件图任务引导、板类构件图任务引导、柱类构件图任务引导、梁类构件图任务引导），建筑组合构件图强化训练（楼梯构件图任务引导、屋面构件图任务引导、基础构件图任务引导），建筑工程图读图。

本书适用于高职高专院校的土木工程技术、建筑工程技术、工程造价、建筑装饰、智能化楼宇设施管理等专业的学生，并可作为相关专业从业人员的培训与参考用书。

图书在版编目(CIP)数据

建筑制图任务引导及强化册/杨小玉主编. —北京：中国铁道出版社，2012.9

全国铁道职业教育教学指导委员会规划教材. 高等职业教育建筑工程技术专业“十二五”规划教材

ISBN 978-7-113-15140-9

Ⅰ.①建… Ⅱ.①杨… Ⅲ.①建筑制图—高等职业教育—教学参考资料 Ⅳ.①TU204

中国版本图书馆 CIP 数据核字(2012)第 183593 号

书　　名：**建筑制图任务引导及强化册**
作　　者：杨小玉　主编

策　　划：刘红梅
责任编辑：刘红梅　**编辑部电话**：010-51873133　**邮箱**：mm2005td@126.com　**读者热线**：400-668-0820
封面设计：冯龙彬
责任校对：胡明锋
责任印制：李　佳

出版发行：中国铁道出版社（100054，北京市西城区右安门西街 8 号）
网　　址：http://www.51eds.com
印　　刷：北京市昌平开拓印刷厂
版　　次：2012 年 9 月第 1 版　2012 年 9 月第 1 次印刷
开　　本：787 mm×1 092 mm　1/16　印张：5.5　字数：130 千
印　　数：1～3 000 册
书　　号：ISBN 978-7-113-15140-9
定　　价：16.00 元

前　言

《建筑制图任务引导及强化册》是高等职业教育建筑工程技术专业“十二五”规划教材《建筑制图》(杨小玉主编)的配套书。结合高职教育的办学特点及教学改革经验，习题编写以必须够用的原则，精心选择合适的习题，以确保培养目标的实现。

为了方便教学与训练，本引导及强化册的内容和编写顺序与配套教材一致，其知识点与配套教材紧密结合，并按照项目化教学需要分为任务引导和任务强化两部分，各任务的引导部分，以解决配套教材中涉及的工作任务为目的，以教师引导学生自主学习、主动获取知识为原则，采用灵活多变的教学方法和教学组织形式进行编写；各任务的强化题以基本题为主，难度适中，重点任务适当增加题目数量和难度，题目的数量也有一定的选择余地，以满足不同学时数的专业教学和不同程度的学生训练需要。

专业图选择一套典型实例施工图，便于理论联系实际进行教学和训练，有利于提高学生识读和绘制成套施工图的能力。

本书由陕西铁路工程职业技术学院杨小玉主编，兰州交通大学武晓丽主审。

由于编者水平有限，不足之处在所难免，恳请读者和同行批评指正。

编　者

2012年7月4日

目　　录

项目1　建筑基本构件图 …… 1
典型工作任务1　墙类构件图 …… 1
1.1.1　墙类构件图任务引导 …… 1
1.1.2　墙类构件图任务强化 …… 6
典型工作任务2　板类构件图 …… 9
1.2.1　板类构件图任务引导 …… 9
1.2.2　板类构件图任务强化 …… 13
典型工作任务3　柱类构件图 …… 14
1.3.1　柱类构件图任务引导 …… 14
1.3.2　柱类构件图任务强化 …… 19
典型工作任务4　梁类构件图 …… 20
1.4.1　梁类构件图任务引导 …… 20
1.4.2　梁类构件图任务强化 …… 26
项目2　建筑组合构件图 …… 28
典型工作任务1　楼梯构件图 …… 28
2.1.1　楼梯构件图任务引导 …… 28
2.1.2　楼梯构件图任务强化 …… 32
典型工作任务2　屋面构件图 …… 39
2.2.1　屋面构件图任务引导 …… 39
2.2.2　屋面构件图任务强化 …… 44
典型工作任务3　基础构件图 …… 48
2.3.1　基础构件图任务引导 …… 48
2.3.2　基础构件图任务强化 …… 52
项目3　建筑工程图 …… 56
参考文献 …… 81

典型工作任务 1	墙类构件图	1.1.1	墙类构件图任务引导
学习小组		工作时间	
任务描述			

能力目标

1. 能够认识墙体的空间形状。
2. 能应用投影基本原理，绘制墙体的投影。

任务描述

以 2∶1 的比例将图 1.1 所示墙体的三面投影图绘制在 A4 图幅中，并在三面投影图中注出点 A、直线 MN 及平面 P 的投影，文字书写及图线绘制须符合国标。

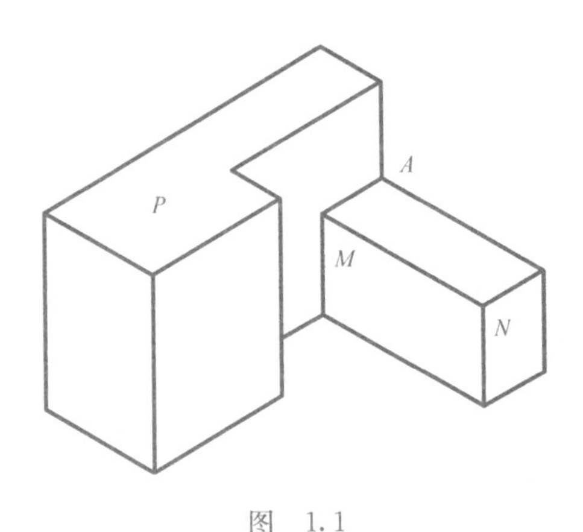

图　1.1

一、任务阶段

步骤 1：导入

一位学生前去一家加工厂加工一件不规则物体，他与加工师傅进行交流，该学生试图用口头语言描述所加工物体的形状，发现难以表述清楚。接着，他又用草图法绘制了该物体的正等轴侧图，由于此物体结构较复杂，他花费了较长时间完成绘图后，发现图样线条太多，层次感不明显，尺寸也难于标示，加工师傅还是难以看明白图纸。最后他制作了该物体的一个模型并结合正等轴测图，还辅之以口头语言总算把该物体表述清楚。然后加工师傅便无奈地摇了摇头。该学生看到后就好奇地问："难道还有更好的办法?"加工师傅就很不耐烦地回答："回去问老师!"

设问：上面加工师傅并没有直接回答该学生的问题，于是他回学校后便拿这个问题向老师请教，你知道老师对他说了什么吗?

步骤 2：观察墙体实物（图 1.2）

（1）观察现实生活中的各种建筑物的墙体形状，并进行收集。

（2）总结墙体的形状特征，并考虑如何绘制墙体的投影图。

典型工作任务 1	墙类构件图	1.1.1	墙类构件图任务引导
学习小组		工作时间	

任务描述

图 1.2

步骤 3：正投影的原理

（1）游戏法：手影游戏（图 1.3）

图 1.3

设问：怎样才能使投影大小与手形大小相仿？探究正投影的投影特性。

（2）见图 1.4

设问：空白处指的是什么？投影的分类有哪些？

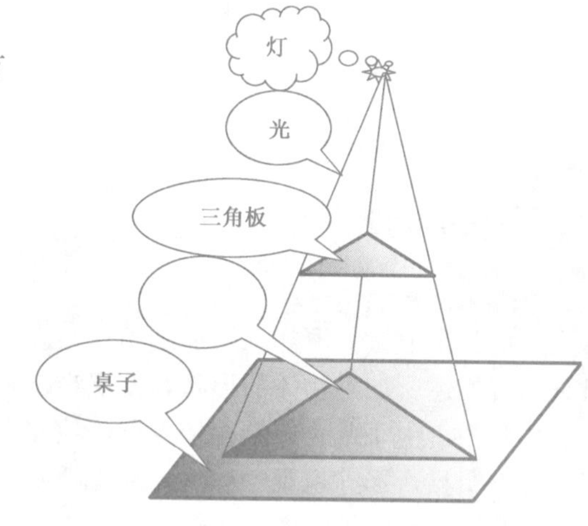

图 1.4

（3）徒手绘制图 1.5

设问：正投影有何重要性质？

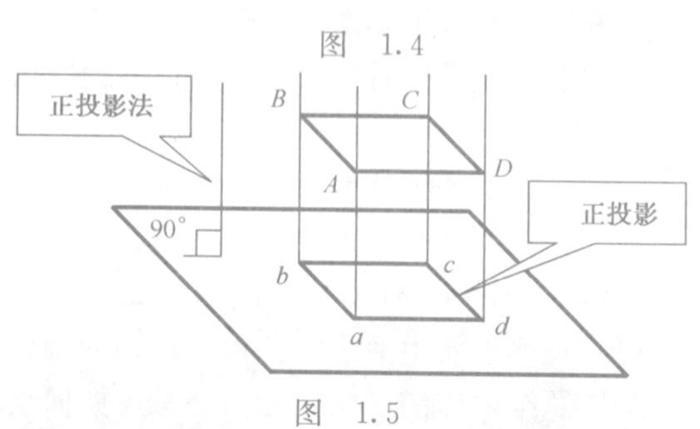

图 1.5

典型工作任务 1	墙类构件图	1.1.1	墙类构件图任务引导
学习小组		工作时间	
任务描述			

（4）演示法：构建视图概念

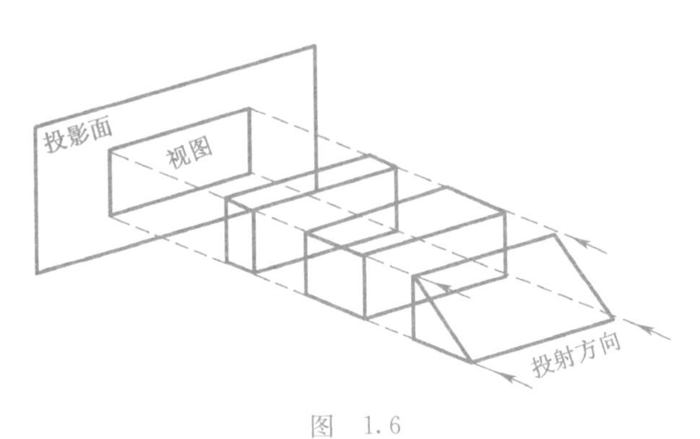

图　1.6

设问：还有哪些形体按照图 1.6 中投射方向所形成的视图是矩形？

结论：

步骤 4：三视图的形成原理

（1）模型制作法、小组合作法：以组（4 人一组）为单位，用纸板自制可展开的三面投影体系，见图 1.7。

实物及 PPT 展示：
三投影面体系

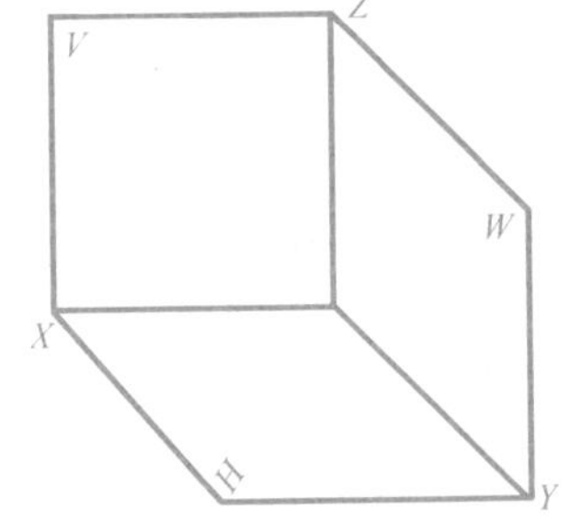

图　1.7

（2）小组讨论法、演示法：以组为单位，在自制可展开的三面投影体系纸板上绘制模型的三视图，见图 1.8。

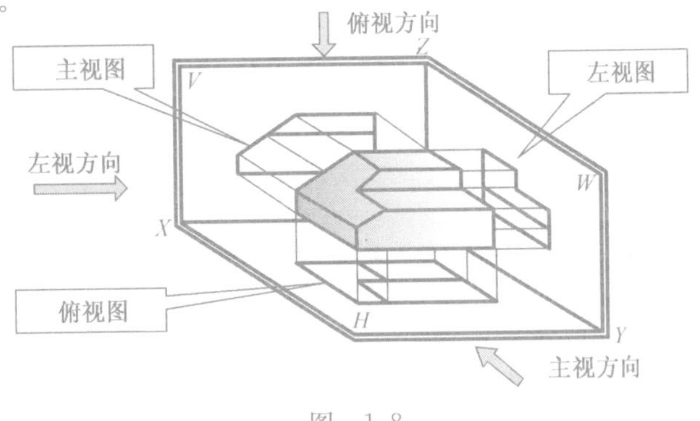

图　1.8

典型工作任务 1	墙类构件图	1.1.1	墙类构件图任务引导
学习小组		工作时间	

任务描述

（3）合作学习法、演示法：以组为单位，借助自制纸质可展开的三投影面体系模型，由三视图规定的展开形式引导出三视图的固定位置，对三视图的形成有一个完整的概念（教师利用 PPT 课件简练讲解）。

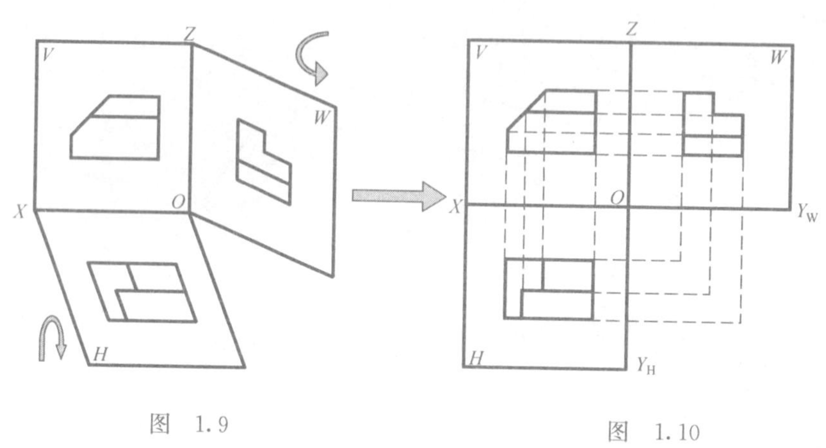

图　1.9　　　　　　　　图　1.10

设问：三面投影图的形成？

三面投影的投影规律？

步骤 5：形体分析及三视图的绘制，并将实物模型的三视图绘制在下面空白处。

合作学习法、博物馆法、小组讨论法 ：准备 12 个实物模型，将全班学生分为 12 个小组，每组绘制一个模型的三视图。学生通过小组合作对实物进行形体分析并绘制三视图，然后探究、归纳三视图的“三等关系”及其与实物之间的“六向方位关系”。小组间相互参观学习，以使学生对更多的形体进行分析。

步骤 6：完成工作任务

导思练法 ：学习制图国标，绘制 A4 图幅，按要求注写文字，并独立完成墙体的三视图，在投影图中找到 A、直线 MN 及平面 P，最后以组为单位进行自检与互检。

典型工作任务1	墙类构件图	1.1.1	墙类构件图任务引导
学习小组		工作时间	
任务描述			

二、检查与评估

学生首先自查，然后以小组为单位进行任务互查，发现错误及时纠正，遇到问题商讨解决；教师在作出改进指导后，给出该项目学生的学习成果评价。

学 生 自 评 表

项目名称	建筑基本构件图	任务名称	墙类构件图
学生签名		实际得分	标准分值
国标应用能力			10
投影基本原理的应用能力			20
三面投影图的绘制			25
图面完成质量			25
时间控制与管理			5
是否能认真描述困难、错误和修改内容			5
对自己的工作评价			5
团队合作精神			5
合计得分			100
改进内容及方法：			

教 师 评 价 表

项目名称	建筑基本构件图	任务名称	墙类构件图
学生姓名		实际得分	标准分值
国标应用能力			10
投影基本原理的应用能力			20
三面投影图的绘制			25
图面完成质量			25
时间控制与管理			5
对自己的工作评价情况			5
是否能认真描述困难、错误和修改内容			5
素养考核			5
合计得分			100

1. 找出与轴测图相对应的三视图。

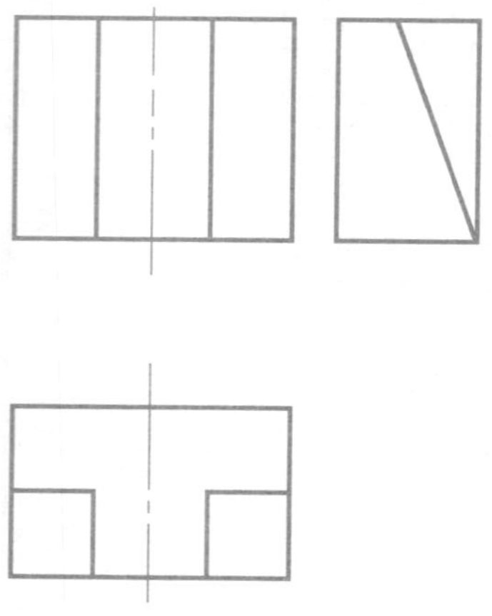

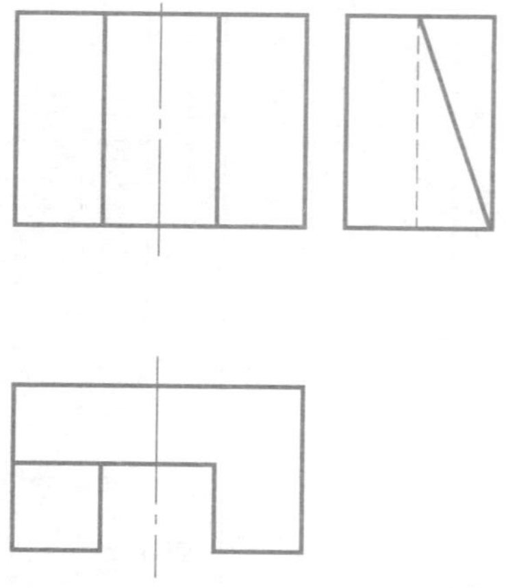

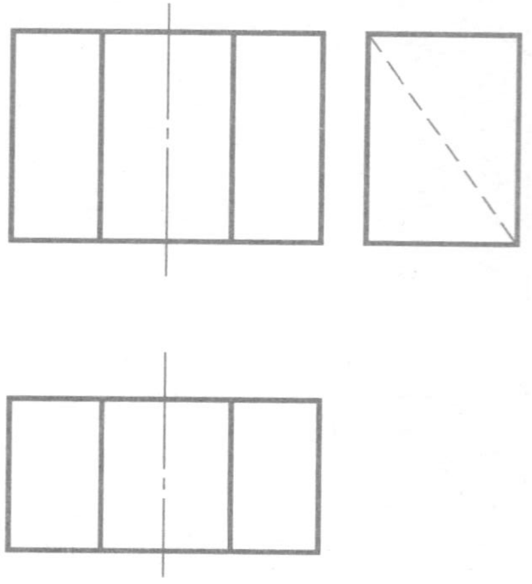

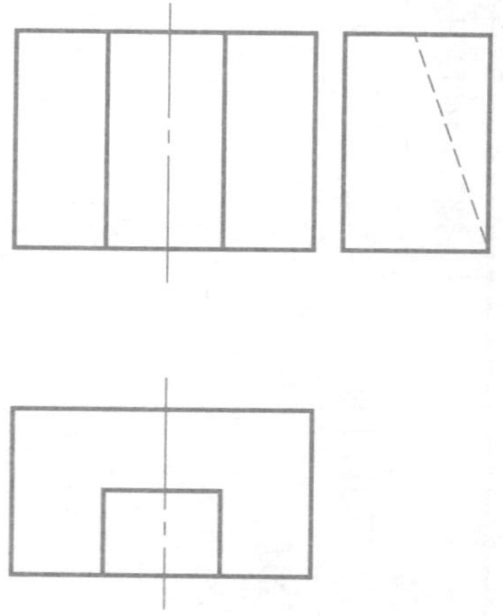

① 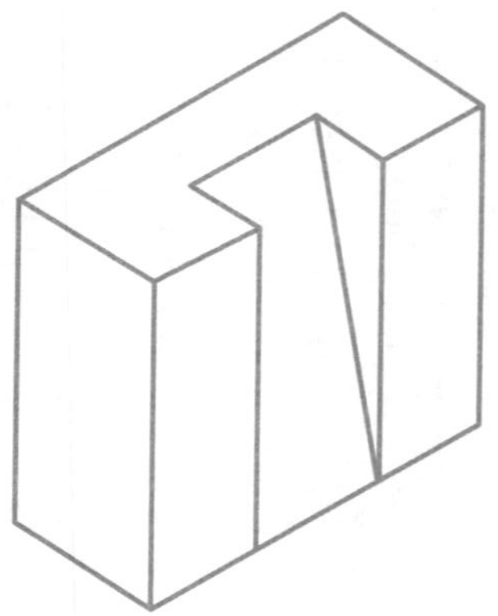　　② 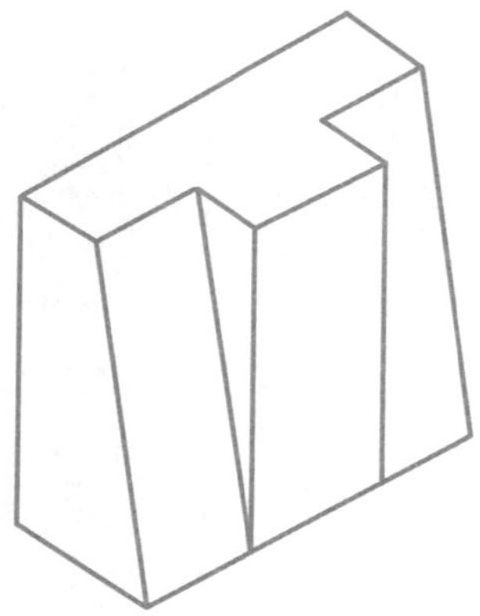　　③ 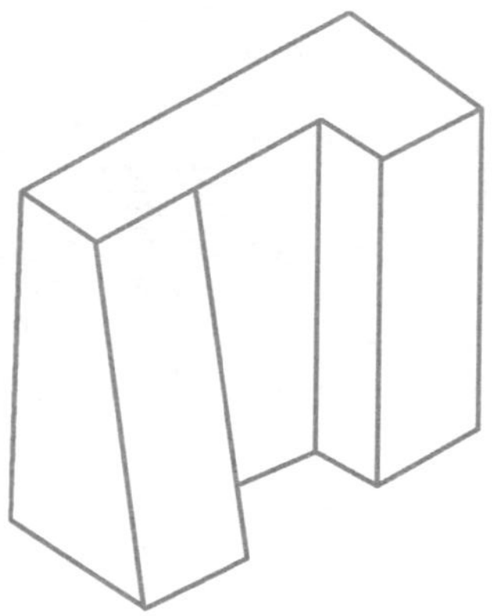　　④

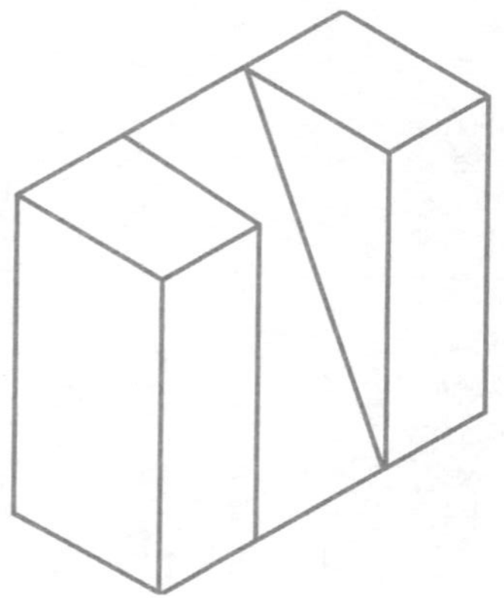

班级________学号________姓名________

2. 根据轴测图补全视图中的漏线。

（1）

（2）

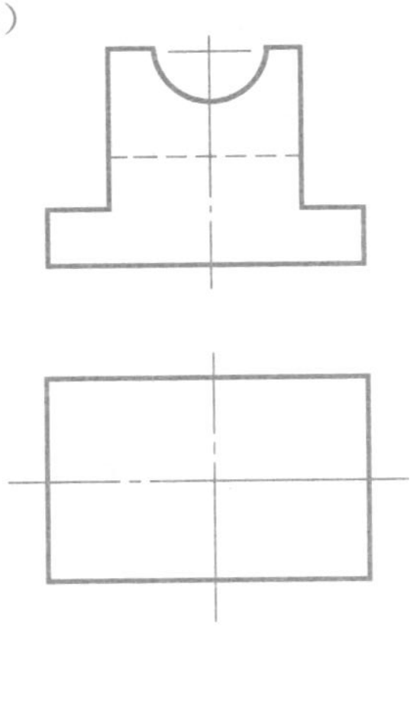

（3）

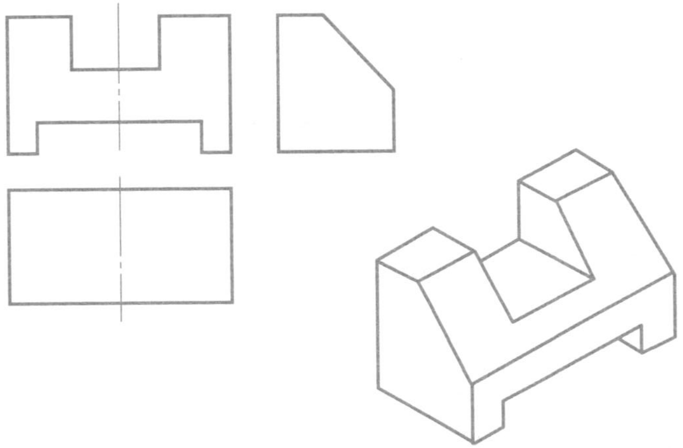

（4）

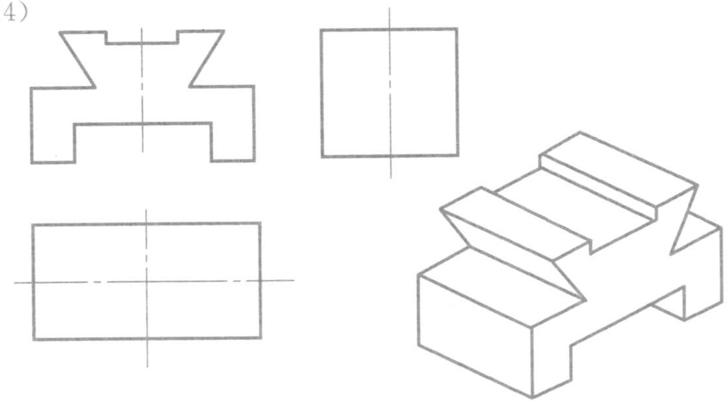

3. 已知正等轴测图，量取尺寸，画出三视图。

(1)	(2)	(3)
(4)	(5)	(6)
(7)	(8)	(9)

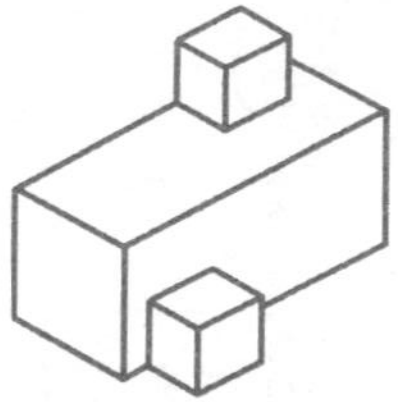

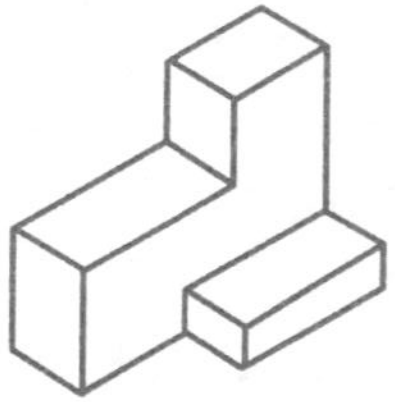

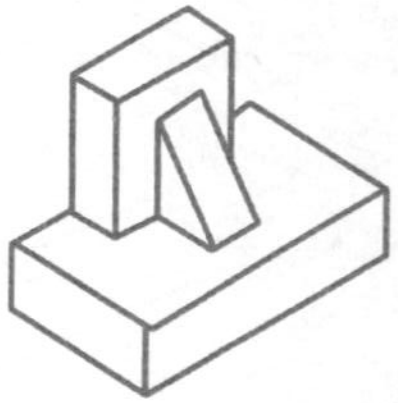

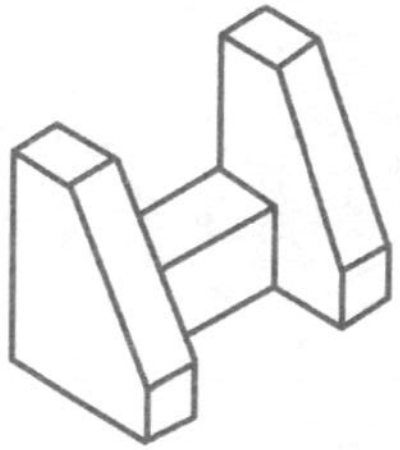

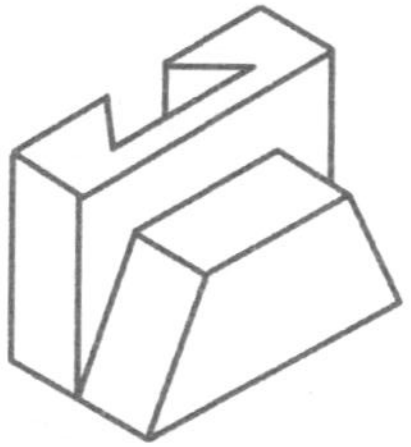

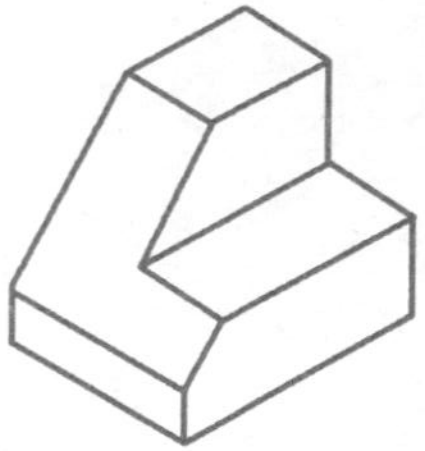

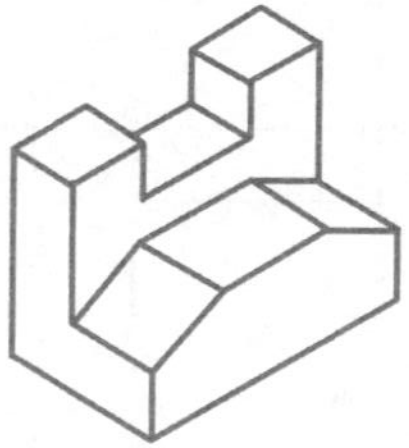

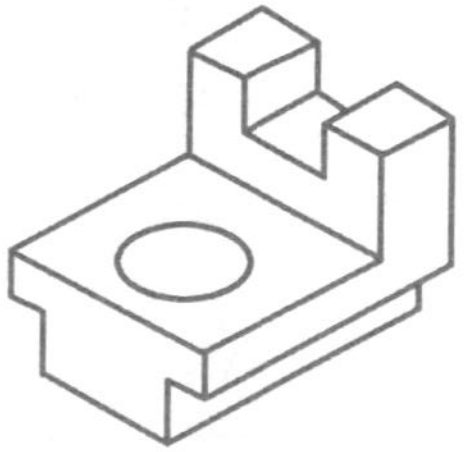

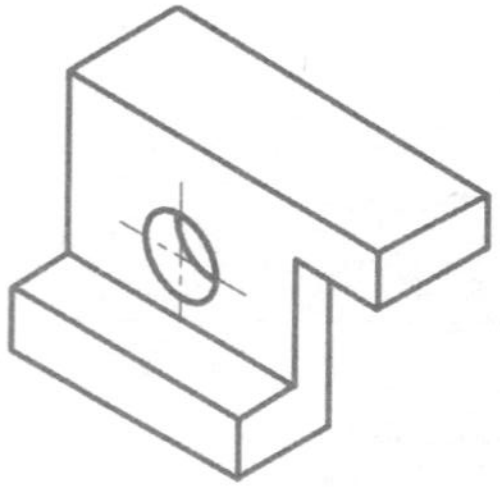

典型工作任务 2	板类构件图	1.2.1	板类构件图任务引导
学习小组		工作时间	
任务描述			

能力目标

1. 能够认识板类构件的空间形状。

2. 能应用三视图的投影规律及形体分析法，根据三视图想象出板类构件的空间形状，并能绘制板类构件的三视图。

3. 培养识别问题与解决问题的能力。

任务描述

图 1.11 中已知板的两面投影，想象其空间形状，补画板的侧面投影，并作出 a 点的侧面投影。

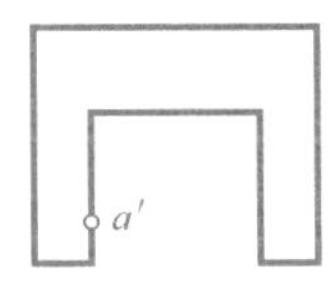

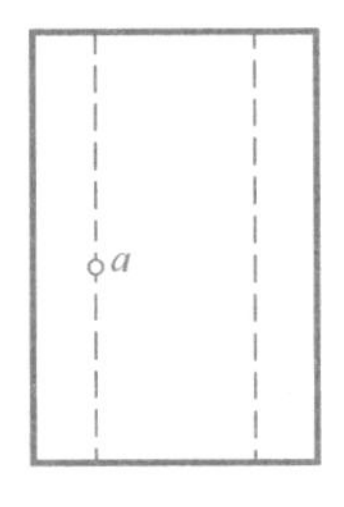

图　1.11

一、任务阶段

步骤 1：请同学们收集建筑物板类构件的图片，并把它贴在下面空白处。

典型工作任务2	板类构件图	1.2.1	板类构件图任务引导
学习小组		工作时间	

任务描述

步骤2：基本体的形状和特征

(1) 魔术盒法：组内成员任意选择一名学生，用手的触摸方式来描述盒内物体的形状，并口述给组内其他成员，组内成员按照描述，将盒内的物体的三视图绘制在下面空白处。

(2) 观察法：观察盒内的基本体，并归纳出棱柱、棱锥、棱台的形状特征，并填空。

①棱柱：底面形状是________，且上下底面______且______；侧面的形状是______，侧面与底面相______；如正五棱柱有______条棱，棱与底面相______。

②棱台：上下底面形状是两个__________；侧面的形状是______，侧面与底面相______。

③棱锥：底面形状是__________；侧面的形状是______，侧面与底面相______。

步骤3：绘制基本体的三视图，总结基本体的投影特性。

(1) 观察图1.12～图1.15中的立体图，补画形体的第三视图：

①

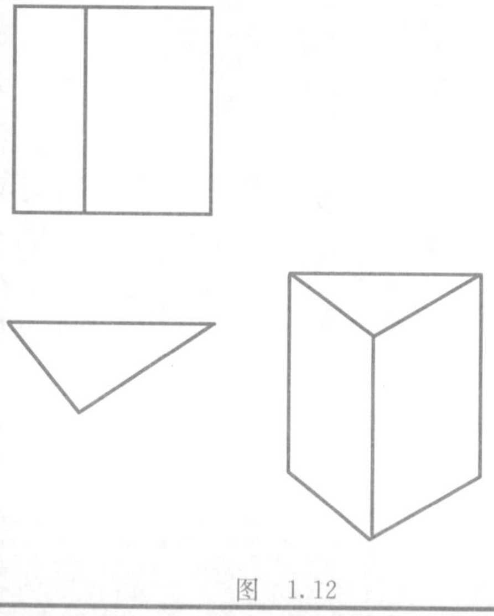

图 1.12

②

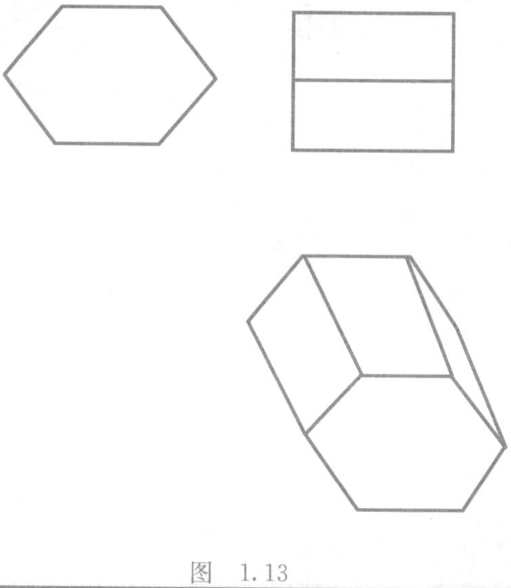

图 1.13

典型工作任务2	板类构件图	1.2.1	板类构件图任务引导
学习小组		工作时间	

任务描述

③　　　　　　　　　　　　　　④

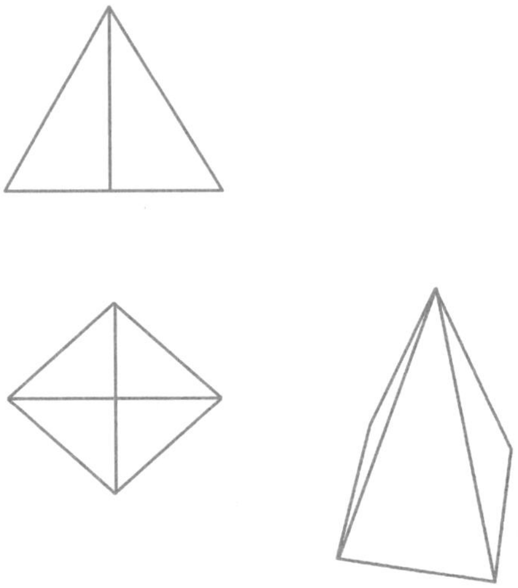

图　1.14　　　　　　　　　　图　1.15

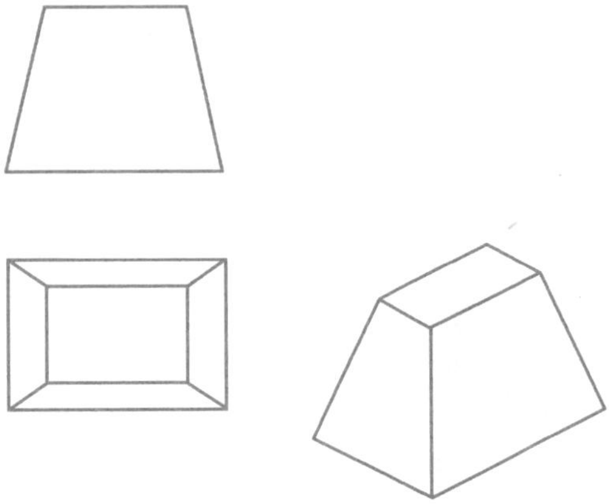

（2）小组讨论法、观察法：观察三视图，总结平面基本体的投影特性，并填空。

①棱柱的投影特性：一面投影为________________，另两面投影为________________。

②棱锥的投影特性：一面投影为________________，另两面投影为________________。

③棱台的投影特性：一面投影为________________，另两面投影为________________。

步骤4：完成工作任务

导思练法 ：补画图1.11所示的板的侧面投影，并作出 a 点的侧面投影，最后以组为单位进行自检与互检。

典型工作任务2	板类构件图	1.2.1	板类构件图任务引导
学习小组		工作时间	
任务描述			

二、检查与评估

学生首先自查，然后以小组为单位进行任务互查，发现错误及时纠正，遇到问题商讨解决；教师在作出改进指导后，给出该项目学生的学习成果评价。

学生自评表

项目名称	建筑基本构件图	任务名称	板类构件图
学生签名		实际得分	标准分值
国标应用能力			10
投影基本原理的应用能力			15
平面基本体特征及投影特性的归纳能力			25
基本体投影图的绘制能力			25
时间控制与管理			5
是否能认真描述困难、错误和修改内容			5
对自己的工作评价情况			5
团队合作精神			10
合计得分			100
改进内容及方法：			

教师评价表

项目名称	建筑基本构件图	任务名称	板类构件图
学生姓名		实际得分	标准分值
国标应用能力			10
投影基本原理的应用能力			15
平面基本体特征及投影特性的归纳能力			25
基本体投影图的绘制能力			25
时间控制与管理			5
对自己的工作评价			5
是否能认真描述困难、错误和修改内容			5
素养考核			10
合计得分			100

完成形体的三视图。

（1）四棱台，高 20	（2）U 形棱柱体，高 20	（3）四分之一棱台，高 20
（4）挡土墙，宽 20（按棱柱体考虑）	（5）工字钢，长 20	（6）两长方体叠加，大的高 5，小的高 10
（7）	（8）	（9）

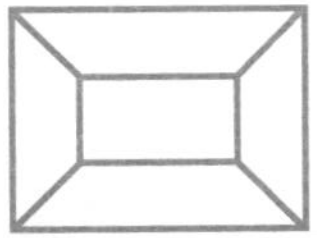

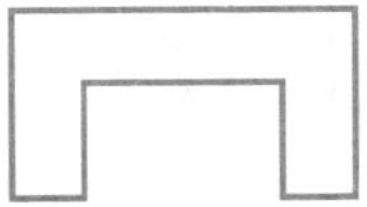

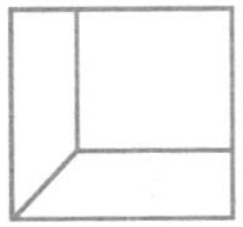

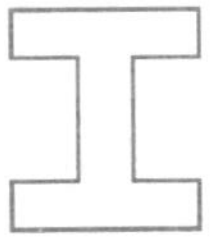

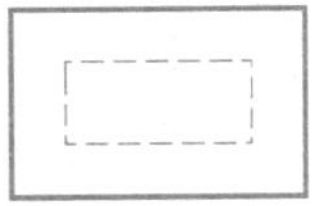

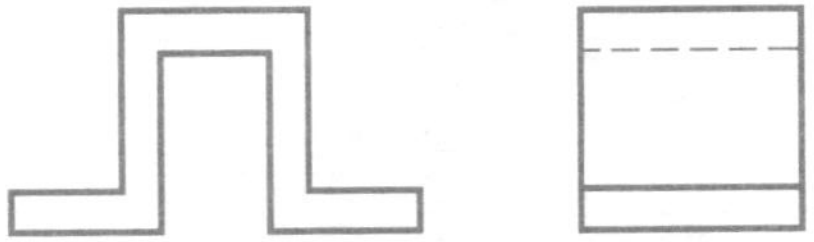

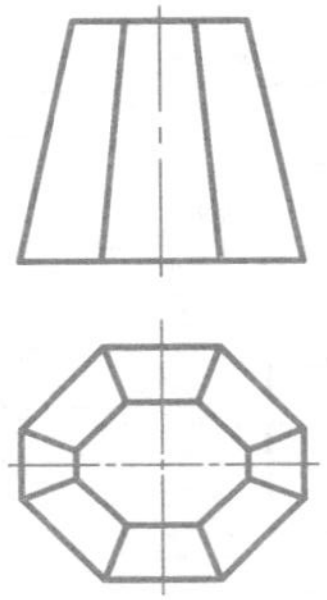

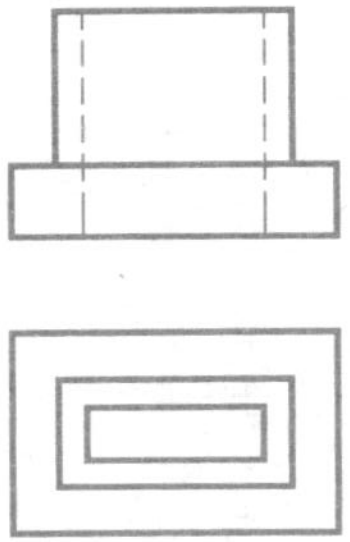

典型工作任务 3	柱类构件图	1.3.1	柱类构件图任务引导
学习小组		工作时间	
任务描述			

能力目标

1. 能应用三视图的投影规律及形体分析法，根据三视图想象出柱类构件的空间形状，并能绘制柱类构件的三视图。
2. 能对简单叠加体的投影进行形体分析，想象出其空间形状。
3. 培养识别问题与解决问题的能力。

任务描述

已知图 1.16（牛脚柱）和图 1.17（立柱）中柱的两面投影，想象其空间形状，补画柱的第三投影。

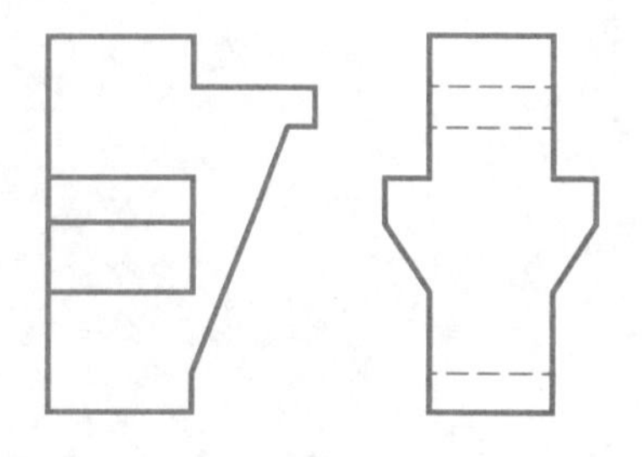

图 1.16

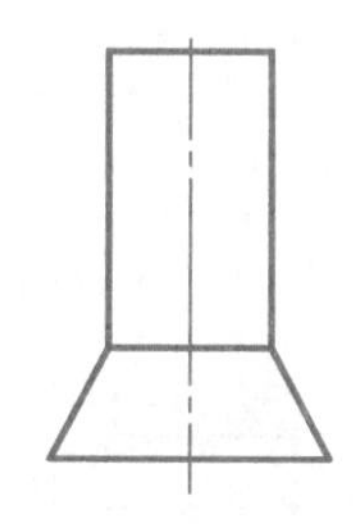

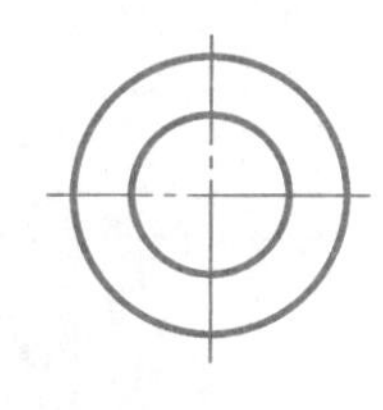

图 1.17

一、任务阶段

步骤 1：请同学们收集建筑物柱类构件的图片，并把它贴在下面空白处。

典型工作任务3	柱类构件图	1.3.1	柱类构件图任务引导
学习小组		工作时间	
任务描述			

步骤2：曲面基本体的形状和特征。

观察法：观察曲面体，并归纳出圆柱、圆锥、圆台的形状特征，并填空。

①圆柱：底面形状是__________，且上下底面______且______；侧面的形状是________，侧面与底面相________。

②圆台：上下底面形状是两个__________，侧面的形状是________。

③圆锥：底面形状是________。侧面的形状是________。

步骤3：绘制形体的三视图，总结基本体的投影特性。

(1) 补全图1.18～图1.21中形体的投影。

①

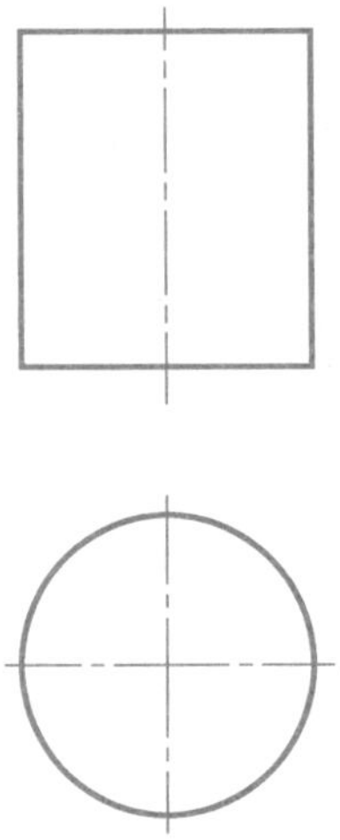

图　1.18

②

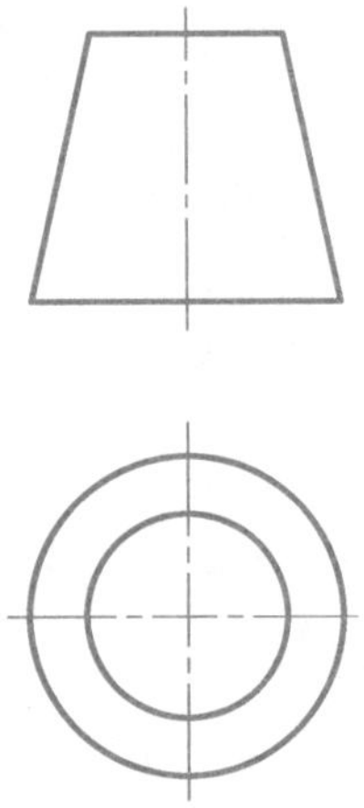

图　1.19

③

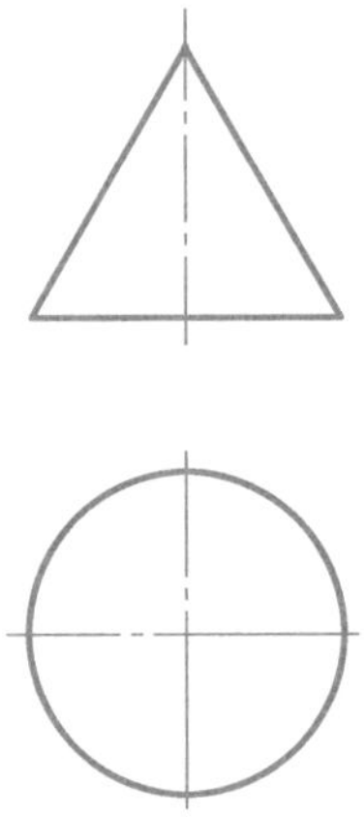

图　1.20

④

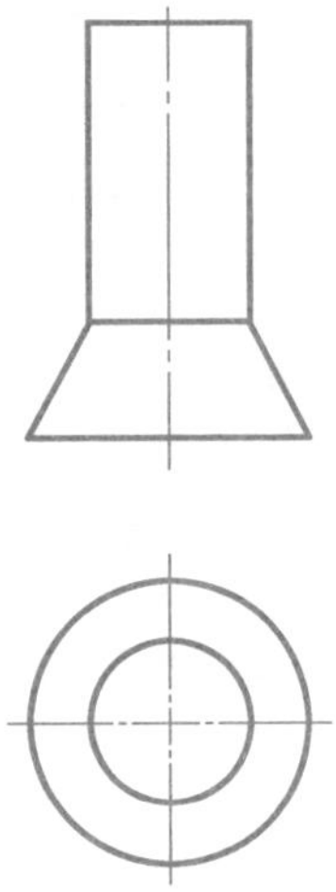

图　1.21

典型工作任务3	柱类构件图	1.3.1	柱类构件图任务引导
学习小组		工作时间	

任务描述

（2）小组讨论法、观察法：观察三视图，总结曲面基本体的投影特性，并填空。

①圆柱的投影特性：一面投影为________________，另两面投影为________________。

②圆锥的投影特性：一面投影为________________，另两面投影为________________。

③圆台的投影特性：一面投影为________________，另两面投影为________________。

步骤4：完成工作任务。

导思练法 ：图1.22～图1.24中已知两面投影，想象其空间形状，补画柱的第三投影，最后以组为单位进行自检与互检。

（1）按照序号，补画形体中粗实线部分的水平投影。

①

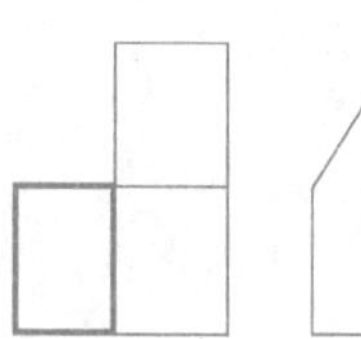

图　1.22

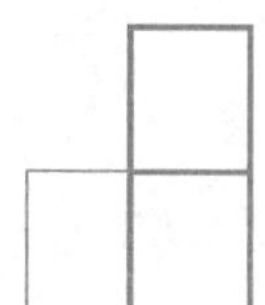

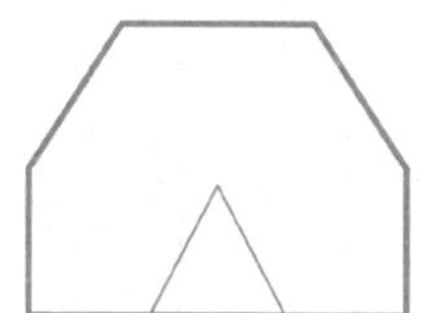

图　1.23

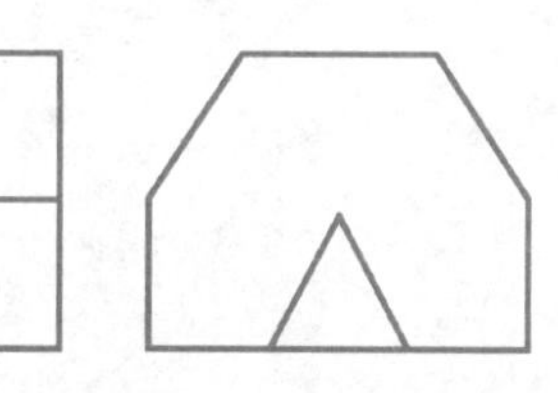

图　1.24

典型工作任务3	柱类构件图	1.3.1	柱类构件图任务引导
学习小组		工作时间	
任务描述			

(2) 按照序号，补画图1.25～图1.27形体中粗实线部分的水平投影。

①

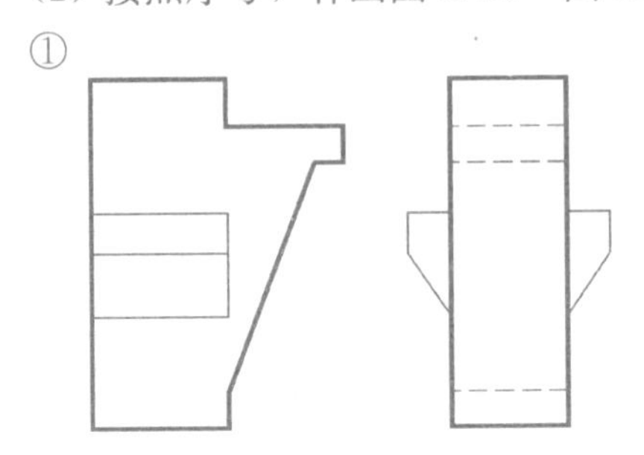

图　1.25

②

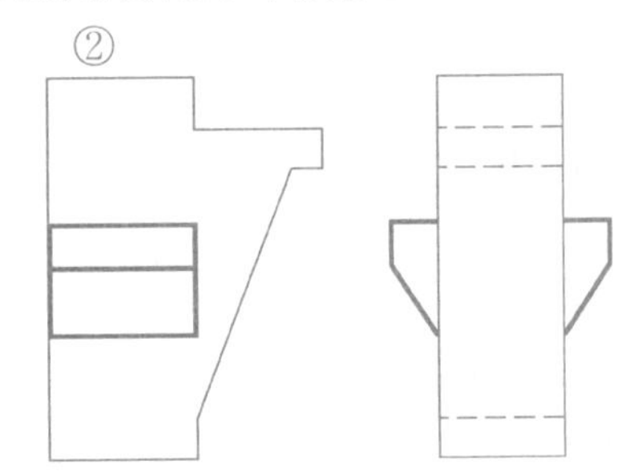

图　1.26

③

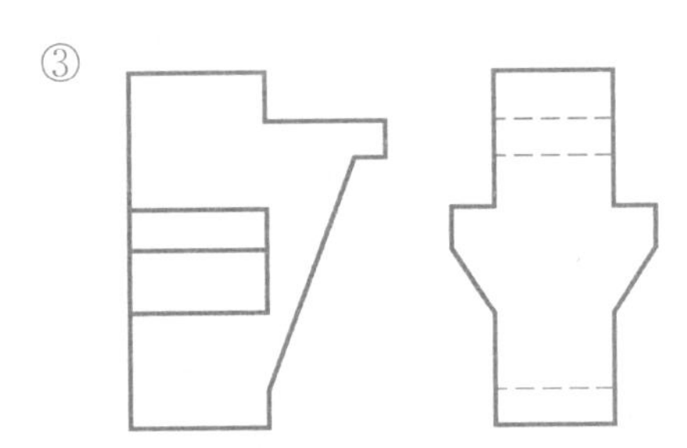

图　1.27

典型工作任务 3	柱类构件图	1.3.1	柱类构件图任务引导
学习小组		工作时间	
任务描述			

二、检查与评估

学生首先自查，然后以小组为单位进行任务互查，发现错误及时纠正，遇到问题商讨解决；教师在作出改进指导后，给出该项目学生的学习成果评价。

学 生 自 评 表

项目名称	建筑基本构件图	任务名称	柱类构件图
学生签名		实际得分	标准分值
国标应用能力			10
投影基本原理的应用能力			15
曲面基本体特征及投影特性的归纳能力			25
叠加体三视图的绘制能力			25
时间控制与管理			5
是否能认真描述困难、错误和修改内容			5
对自己的工作评价			5
团队合作精神			10
合计得分			100
改进内容及方法：			

教 师 评 价 表

项目名称	建筑基本构件图	任务名称	柱类构件图
学生姓名		实际得分	标准分值
国标应用能力			10
投影基本原理的应用能力			15
曲面基本体特征及投影特性的归纳能力			25
叠加式组合体三视图的绘制能力			25
时间控制与管理			5
对自己的工作评价			5
是否能认真描述困难、错误和修改内容			5
素养考核			10
合计得分			100

补画形体的第三投影。

(1)

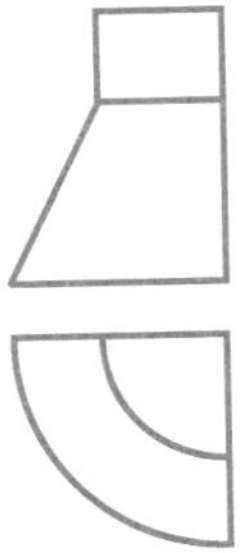

(2)

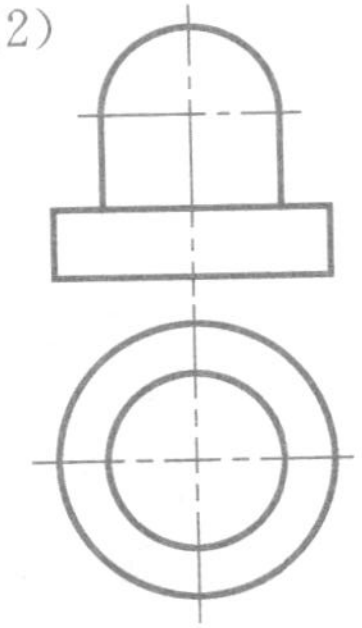

(3)

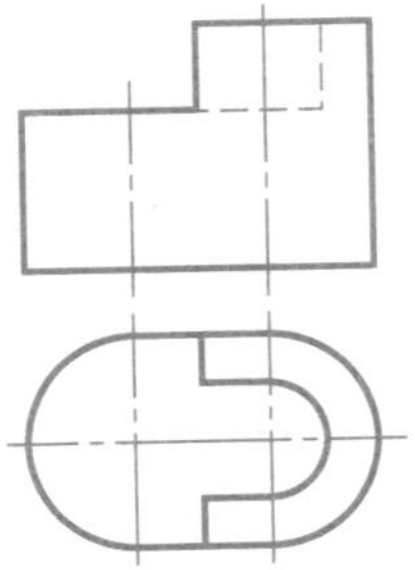

(4)

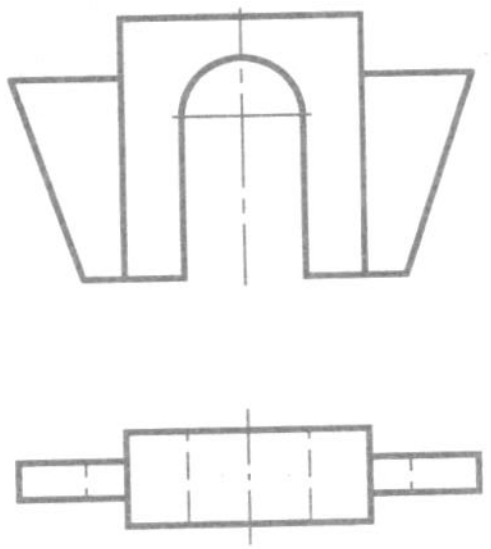

(5)

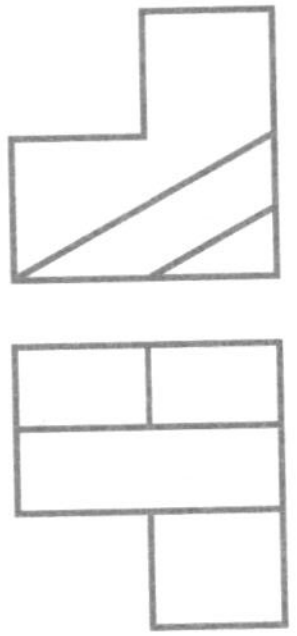

(6)

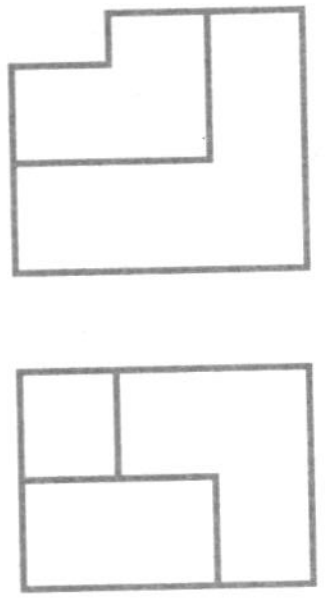

(7)

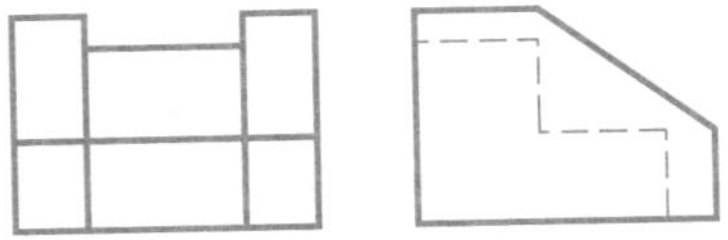

(8)

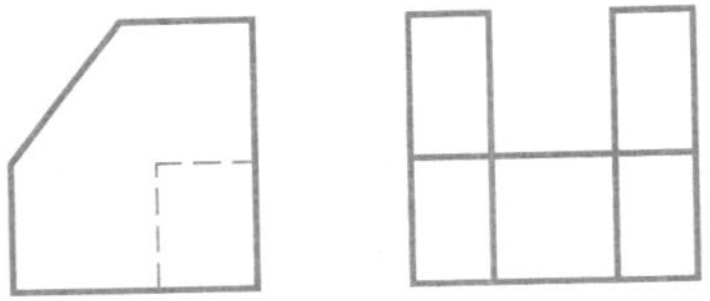

(9)

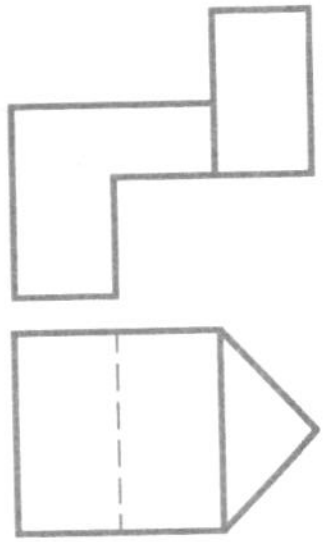

典型工作任务 4	梁类构件图	1.4.1	梁类构件图任务引导
学习小组		工作时间	

任务描述

能力目标

1. 学生通过对基本体的投影规律的进一步应用，从而提高学生识读梁类构件投影图的能力，并想象出其空间形状；

2. 对切割体的投影进行分析，想象出其空间形状。

3. 培养识别问题与解决问题的能力。

任务描述

已知梁的两面投影如图 1.28 所示，想象其空间形状，补画梁的水平面投影。

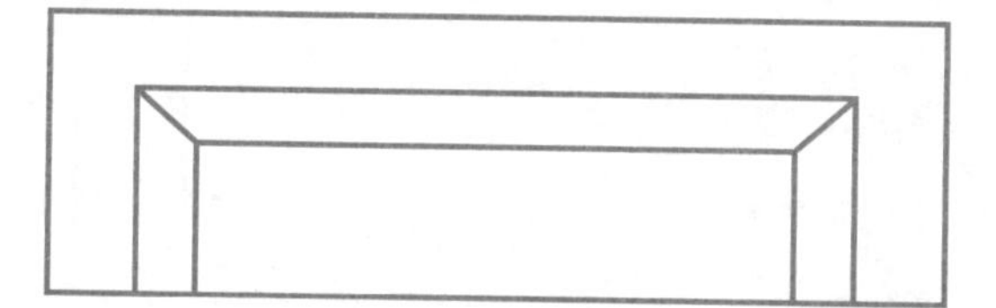
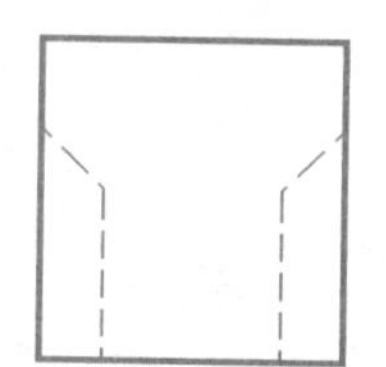

图　1.28

一、任务阶段

步骤 1：请同学们收集建筑物梁类构件的图片，并把它贴在下面空白处。

典型工作任务4	梁类构件图	1.4.1	梁类构件图任务引导
学习小组		工作时间	
任务描述			

步骤2：形体构思训练

模型制作法：依据图1.29中形体的两面投影，按照要求，制作出形体的实体模型。

工具：美工刀、橡皮泥。

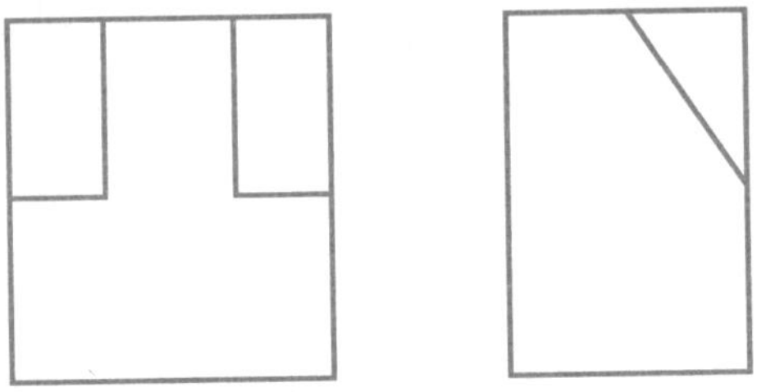

图　1.29

（1）观察分解图形，按照步骤提示制作形体模型。

①看看图1.30中的粗实线，想象粗线部分表示的形体是什么样的，把它用橡皮泥制作出来。

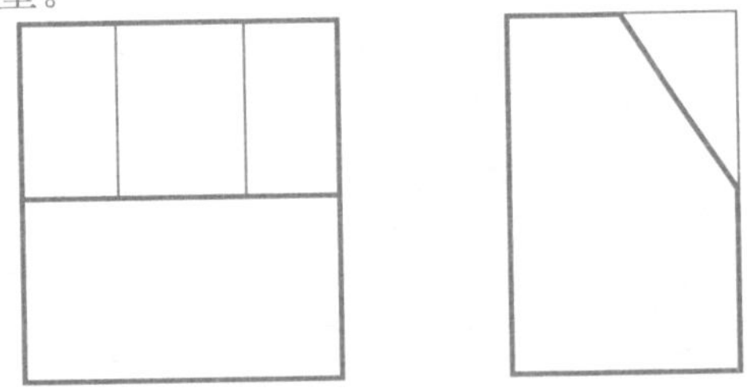

图　1.30

②看看图1.31中的粗实线，想象粗线部分表示的形体是什么样的，把它用橡皮泥制作出来。

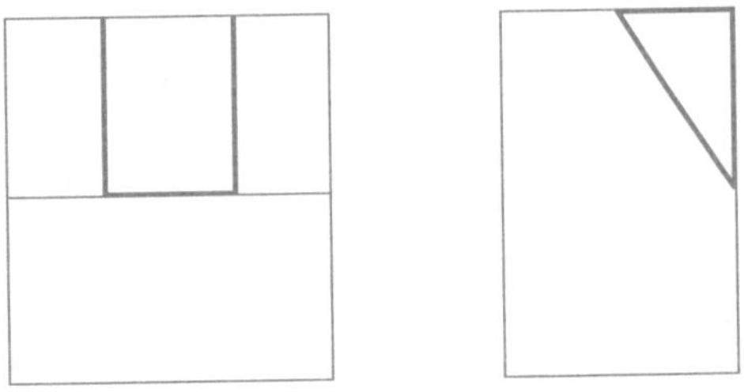

图　1.31

③把已制作出的两形体组合在一起，这种形体是我们任务三已经学习过的______体，该形体是____个______柱和______个______柱______而成的。

（2）观察分解图形，按照步骤提示制作形体模型。

①看看图1.32中的粗实线，想象粗线部分表示的形体是什么样的，把它用橡皮泥制作出来。

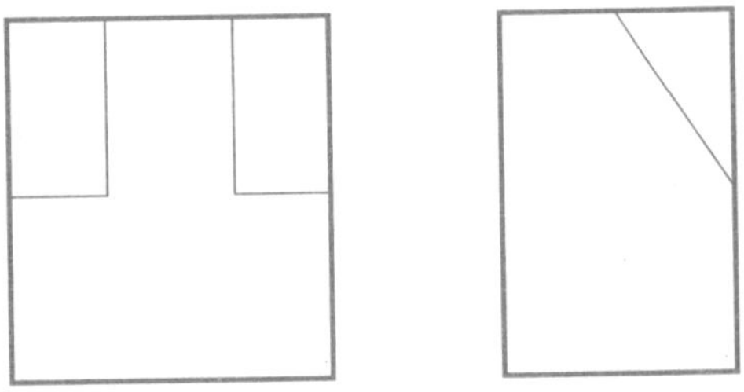

图　1.32

典型工作任务 4	梁类构件图	1.4.1	梁类构件图任务引导
学习小组		工作时间	
任务描述			

②看看图 1.33 中的粗实线，想象粗线部分表示的形体是什么样的，把它从步骤 2 图 1 中制作好的基本形体中切割出来。

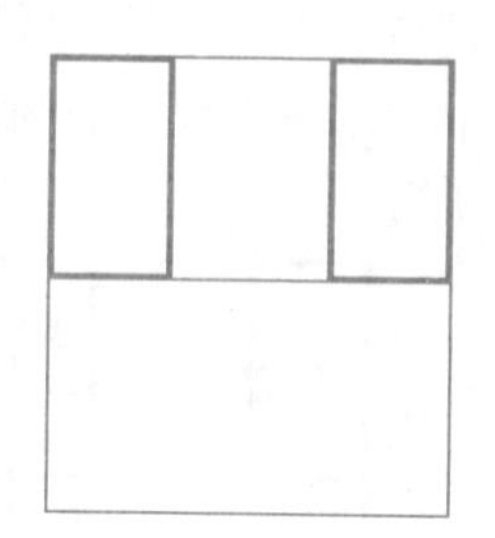

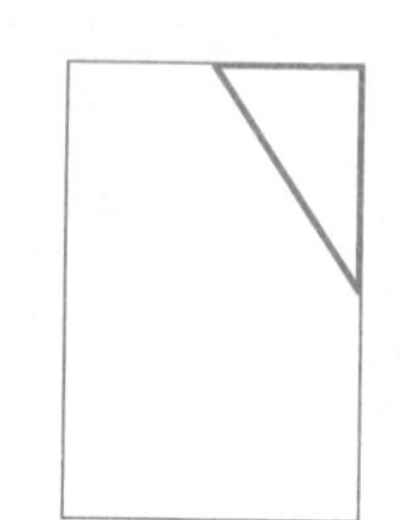

图　1.33

③这个形体是____个______柱里切去____个______柱组合而成的。

步骤 3：了解形体投影图中线框及图线的含义。

（1）看图 1.34

小组讨论法、观察法：观察三视图，总结形体投影图中线框及图线的含义，并填空。

1 线的含义是____________。

2 线框的含义是__________。

3 线的含义是____________。

4 线框的含义是__________。

5 线的含义是____________。

6 线框的含义是__________。

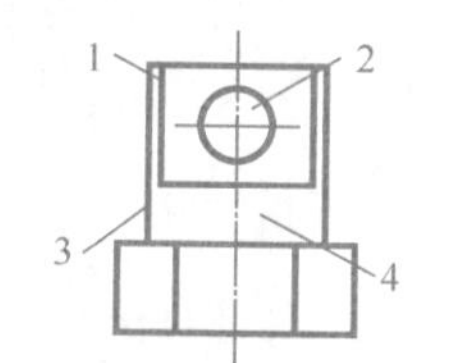

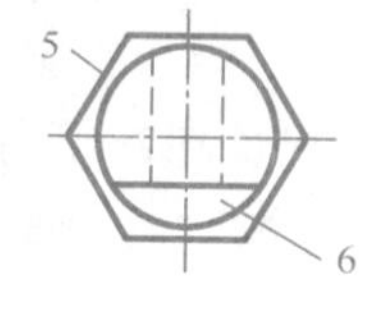

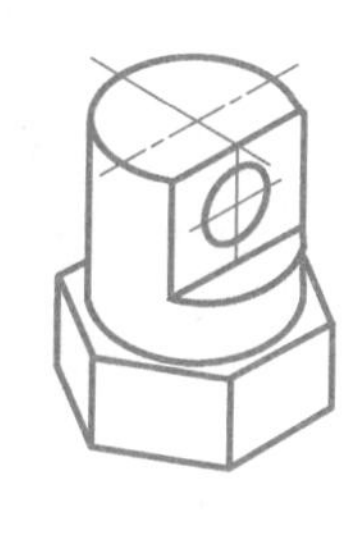

图　1.34

（2）看图 1.35

小组讨论法、合作学习法：依据立体图，完成形体的三视图，并在投影图中分别标注出 G、S、F、T 的投影。

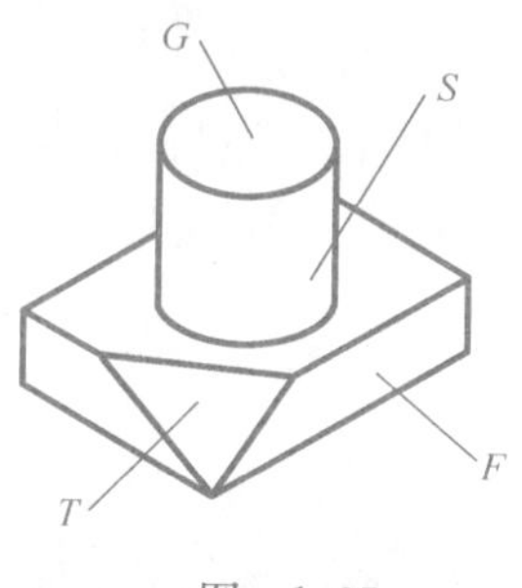

图　1.35

典型工作任务 4	梁类构件图	1.4.1	梁类构件图任务引导
学习小组		工作时间	
任务描述			

步骤 4：完成工作任务。

导思练法 ：按照提示，补全形体的投影，最后以组为单位进行自检与互检。

（1）补画图 1.36 中Ⅰ、Ⅱ面的水平面投影，Ⅰ、Ⅱ面是______面，故Ⅰ、Ⅱ面的正面投影和水平投影具有类似性，故Ⅰ、Ⅱ面的水平投影 1、2 的形状为_______。

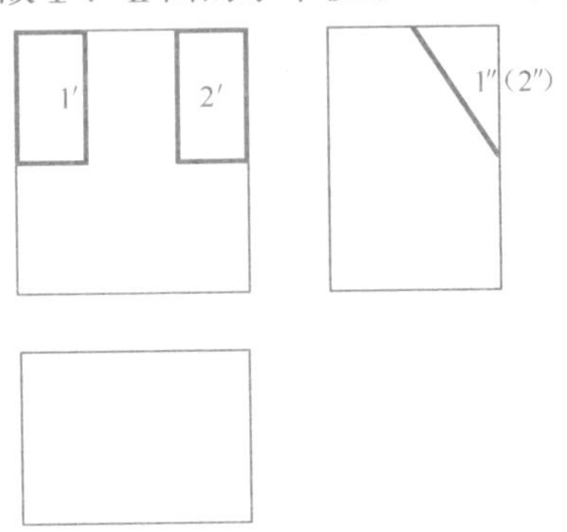

图　1.36

（2）你能用哪种方法构思出下面的形体呢？

方法①：五棱柱两侧切去两个四棱柱。

体分析法

图　1.37

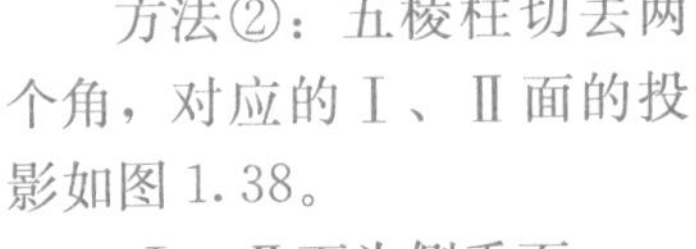

方法②：五棱柱切去两个角，对应的Ⅰ、Ⅱ面的投影如图 1.38。

Ⅰ、Ⅱ面为侧垂面

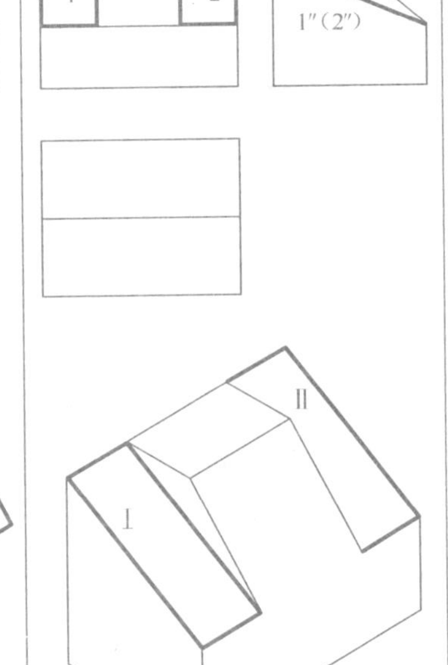

图　1.38

方法③：五棱柱切去两个角，对应的Ⅰ、Ⅱ面的投影如图 1.39。

Ⅰ、Ⅱ面为一般位置平面

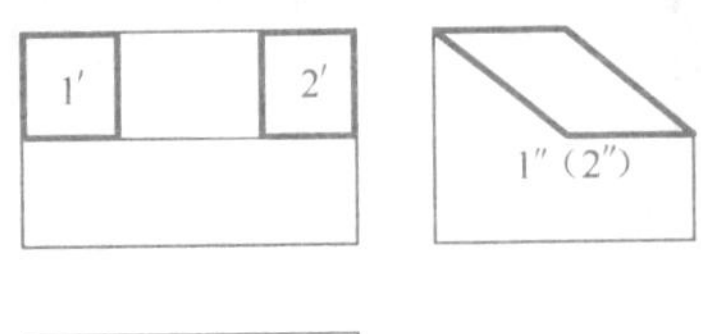

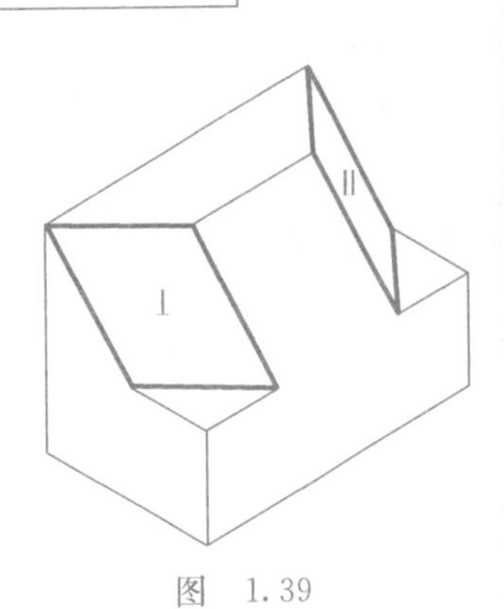

图　1.39

典型工作任务 4	梁类构件图	1.4.1	梁类构件图任务引导
学习小组		工作时间	

任务描述

（3）补画水平投影。

①首先分析Ⅰ面位置状态，分析出Ⅰ面为______面，可判断Ⅰ面的水平投影为______形，补画出Ⅰ面的水平投影。

②补全投影。

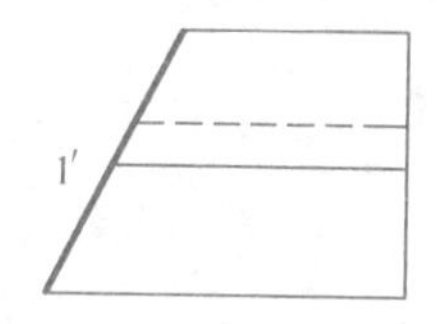

图　1.40

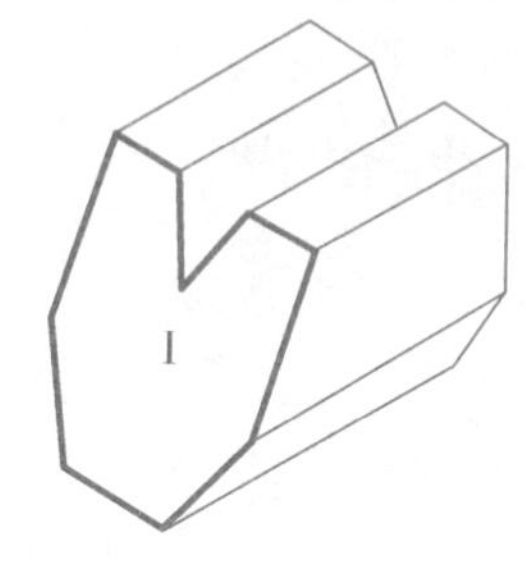

图　1.41

（4）已知梁的两面投影，想象其空间形状，补画梁的水平面投影。

①补画长方体的水平投影。

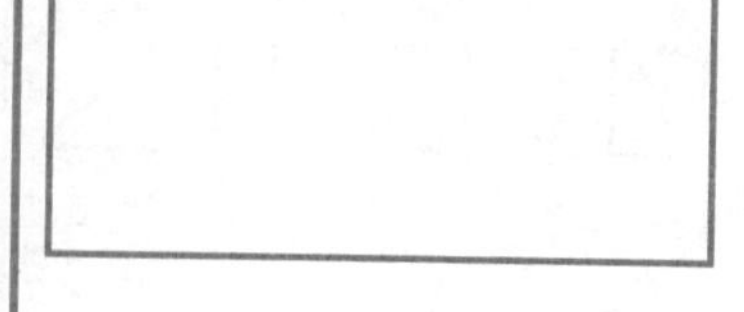

图　1.42

②补画四棱台的水平投影。

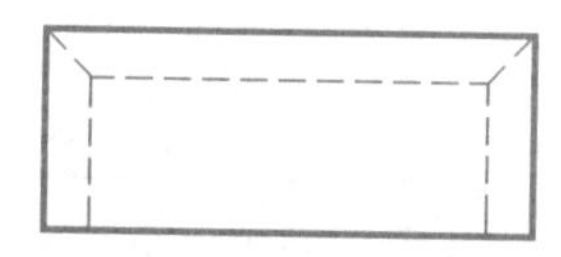

图　1.43

③该梁体是在长方体中挖去两个________而形成的。

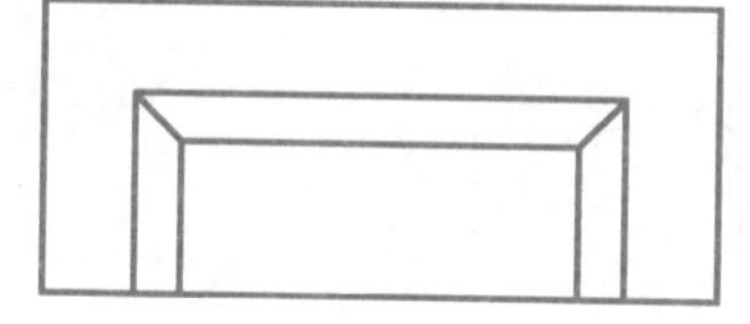

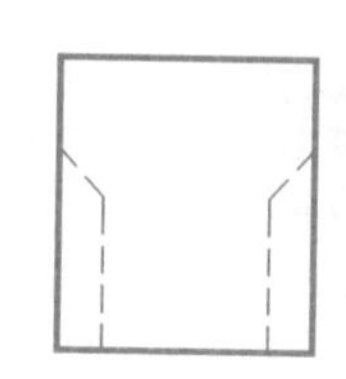

图　1.44

典型工作任务 4	梁类构件图	1.4.1	梁类构件图任务引导
学习小组		工作时间	
任务描述			

二、检查与评估

学生首先自查，然后以小组为单位进行任务互查，发现错误及时纠正，遇到问题商讨解决；教师在作出改进指导后，给出该项目学生的学习成果评价。

学 生 自 评 表

项目名称	建筑基本构件图	任务名称	梁类构件图
学生签名		实际得分	标准分值
国标应用能力			5
投影基本原理的应用能力			15
基本体特征及投影特性的应用能力			20
切割体投影图的绘制能力			35
时间控制与管理			5
是否能认真描述困难、错误和修改内容			5
对自己的工作评价			5
团队合作精神			10
合计得分			100
改进内容及方法：			

教 师 评 价 表

项目名称	建筑基本构件图	任务名称	梁类构件图
学生姓名		实际得分	标准分值
国标应用能力			5
投影基本原理的应用能力			15
基本体特征及投影特性的应用能力			20
切割体投影图的绘制能力			35
时间控制与管理			5
是否能认真描述困难、错误和修改内容			5
对自己的工作评价情况			5
素养考核			10
合计得分			100

1. 补画形体的第三面投影。

(1)	(2)	(3)
(4)	(5)	(6)
(7)	(8)	(9)

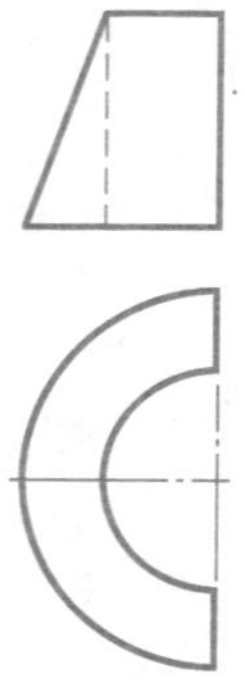

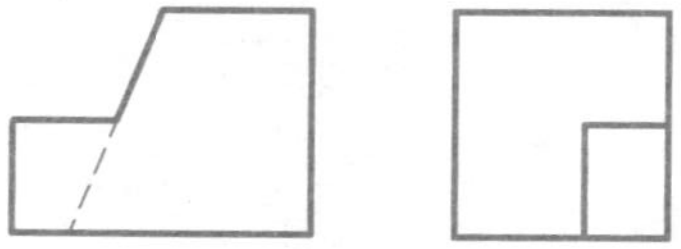

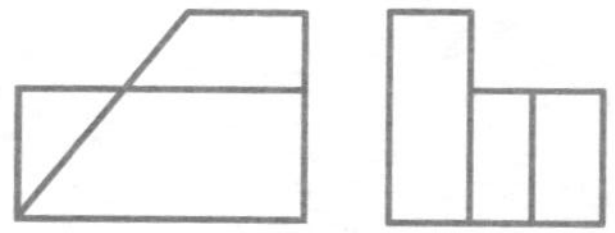

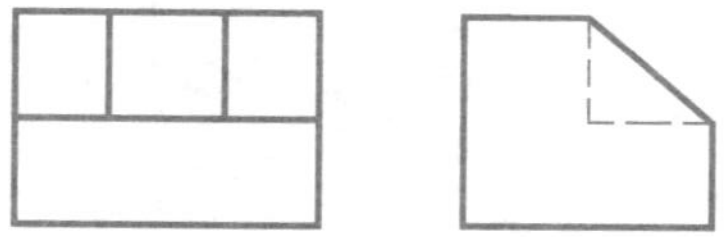

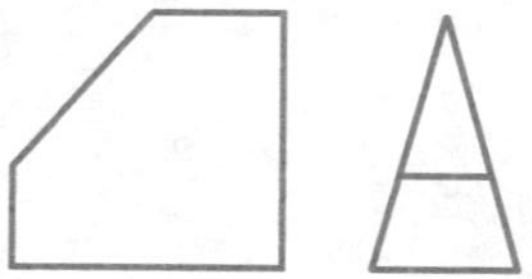

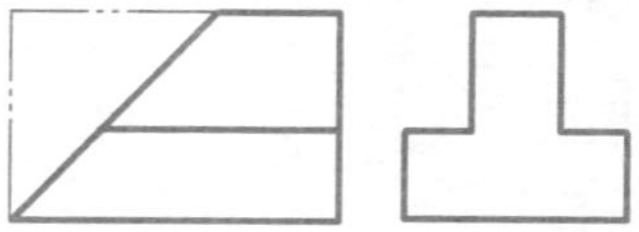

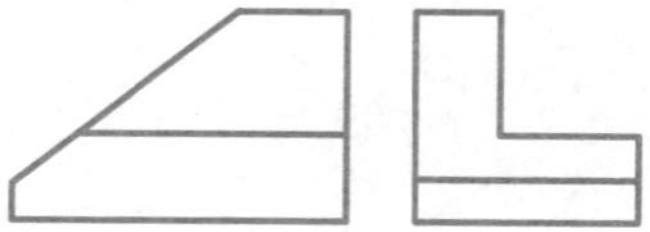

班级________学号________姓名________

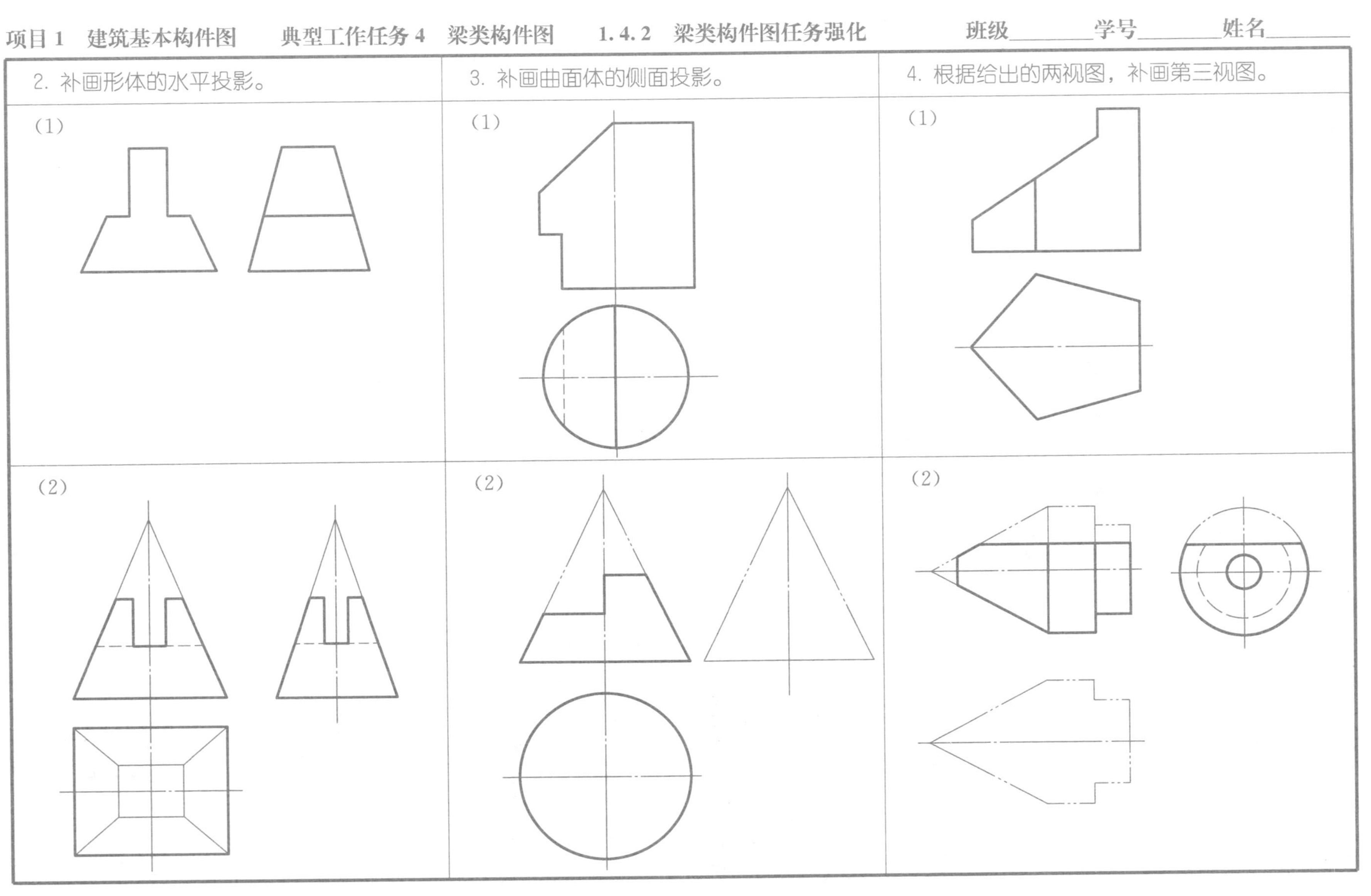

　　　　班级________学号________姓名________

典型工作任务 1	楼梯构件图	2.1.1	楼梯构件图任务引导
学习小组		工作时间	
任务描述			

能力目标

1. 能识读楼梯的投影，并想出其立体形状，并绘制其三视图。
2. 能绘制形体的轴测图。
3. 能正确、完整地标注形体的尺寸。

任务描述

1. 已知台阶的立体图，如图 2.1，按 4：1 的比例绘制其三视图，并标注尺寸。

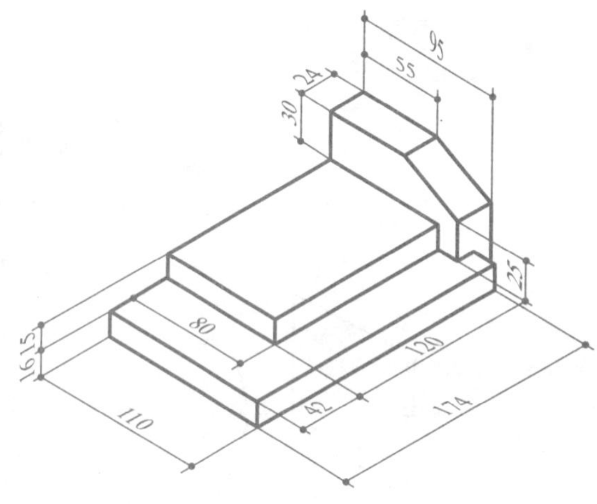

图 2.1

2. 已知楼梯的两面投影，如图 2.2，补画其侧面投影，并完成其轴测图。

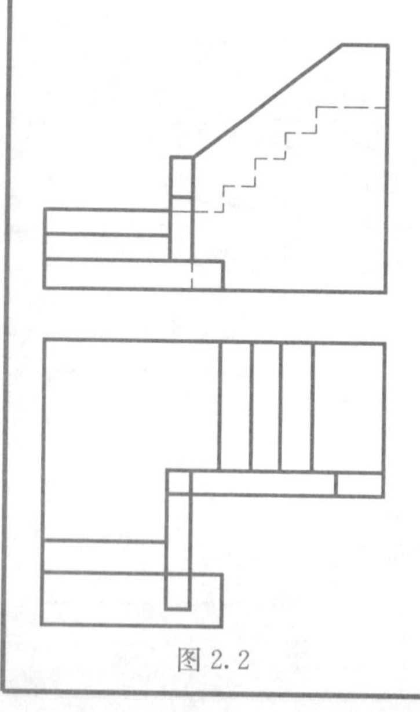

图 2.2

 班级________学号________姓名________

典型工作任务1	楼梯构件图	2.1.1	楼梯构件图任务引导
学习小组		工作时间	
任务描述			

一、任务阶段

步骤1：请同学们收集建筑物楼梯构件的图片，并把它贴在下面空白处。

步骤2：阅读教材，并填空。

（1）组合体的组成方式有：________、________、________、________。

（2）基本体的邻接表面的结合方式有：________、________、________。

（3）尺寸四要素分别是：________、________、________、________。

（4）尺寸线、尺寸界线用____线绘制，尺寸起止符号用____线绘制，长度为____ mm 。

（5）互相平行的尺寸线，应从被注写的图样轮廓线________整齐排列，较小尺寸应离轮廓线____，较大尺寸应离轮廓线________。

（6）标注圆或者圆弧时，尺寸线不得与________线重合。

（7）角度的尺寸线应以________表示，角度数字应按________注写。

（8）正等轴测图的轴向伸缩系数是________，轴间角为________。

步骤3：量取立体图中物体的尺寸，完成物体的轴测图。

（1）

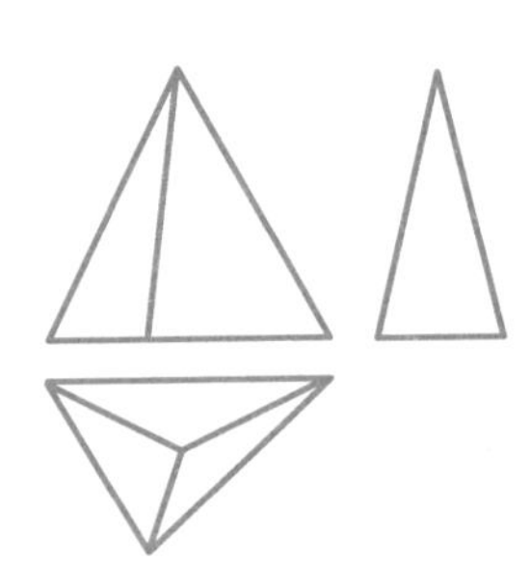

图 2.3

（2）

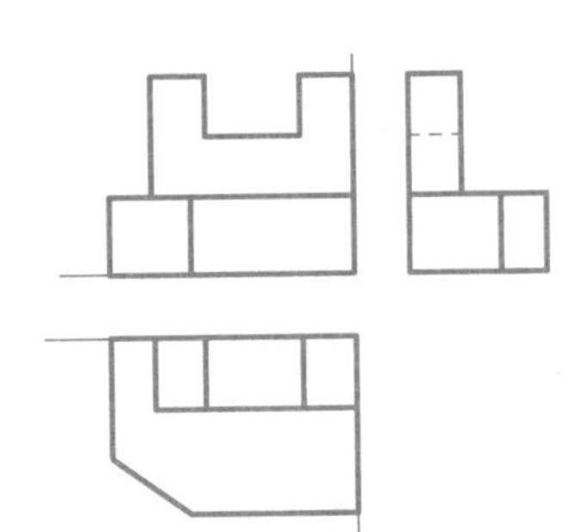

图 2.4

典型工作任务 1	楼梯构件图	2.1.1	楼梯构件图任务引导
学习小组		工作时间	
任务描述			

步骤 4：图 2.5 中尺寸标注有错误，请在图 2.6 上正确标注尺寸。

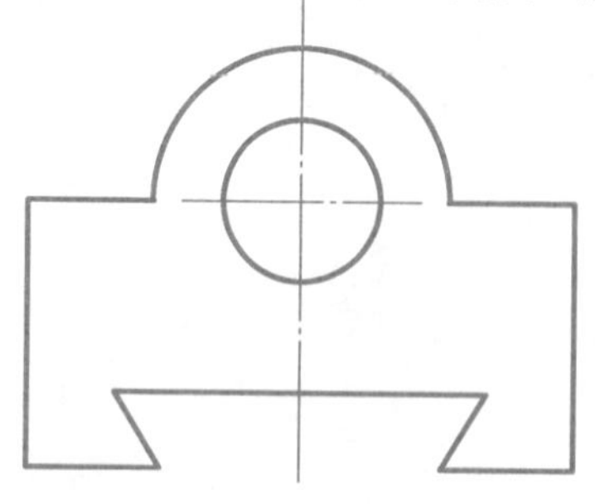

图 2.5

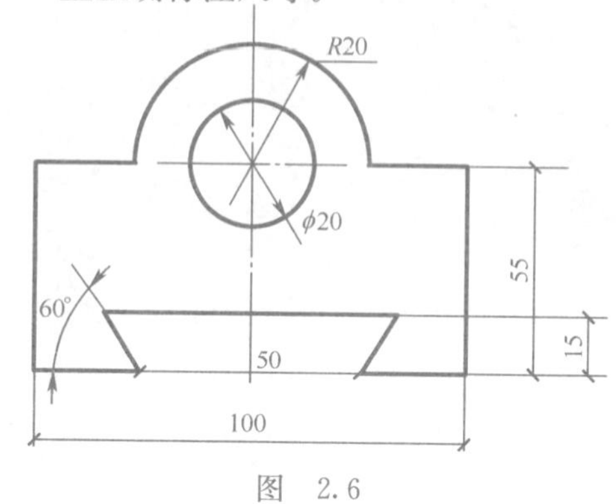

图 2.6

步骤 5：完成工作任务 1。

已知的台阶立体图，按 4∶1 的比例绘制其三视图，并标注尺寸。

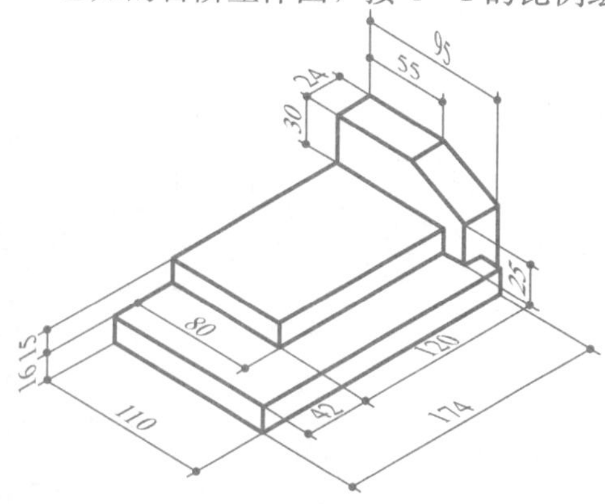

图 2.7

步骤 6：完成工作任务 2。

已知楼梯的两面投影，补画其侧面投影，并完成其轴测图。

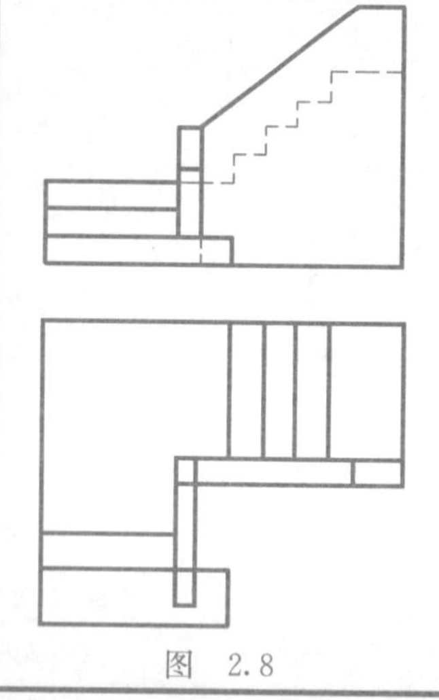

图 2.8

典型工作任务 1	楼梯构件图	2.1.1	楼梯构件图任务引导
学习小组		工作时间	
任务描述			

二、检查与评估

学生首先自查，然后以小组为单位进行任务互查，发现错误及时纠正，遇到问题商讨解决；教师在作出改进指导后，给出该项目学生的学习成果评价。

学 生 自 评 表

项目名称	建筑组合构件图	任务名称	楼梯构件图
学生签名		实际得分	标准分值
国标应用能力（尺寸标注）			10
投影基本原理的应用能力			10
轴测图的绘制能力			25
组合体投影图的绘制能力			30
时间控制与管理			5
是否能认真描述困难、错误和修改内容			5
对自己的工作评价			5
团队合作精神			10
合计得分			100
改进内容及方法：			

教 师 评 价 表

项目名称	建筑组合构件图	任务名称	楼梯构件图
学生姓名		实际得分	标准分值
国标应用能力（尺寸标注）			10
投影基本原理的应用能力			10
轴测图的绘制能力			25
组合体投影图的绘制能力			30
时间控制与管理			5
是否能认真描述困难、错误和修改内容			5
对自己的工作评价情况			5
素养考核			10
合计得分			100

1. 绘制轴测图。

（1）根据已给视图，画出正等轴测图

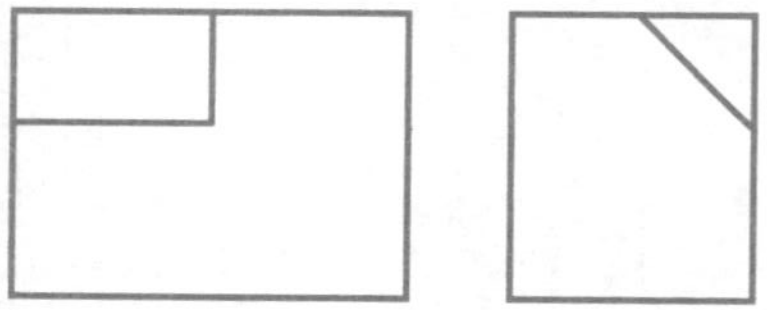

（2）根据已给视图，画出正等轴测图

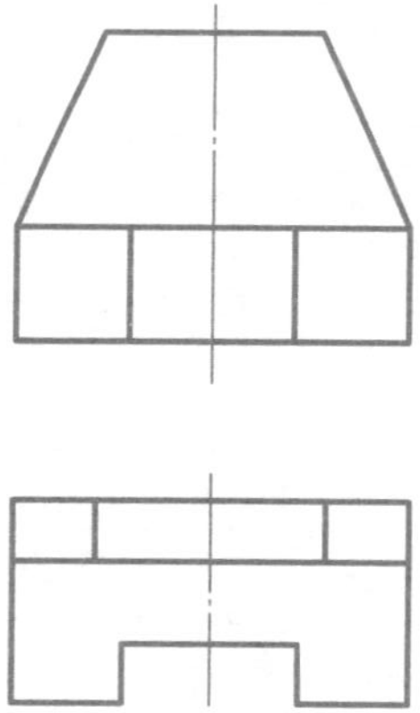

（3）根据已给视图，画出正等轴测图

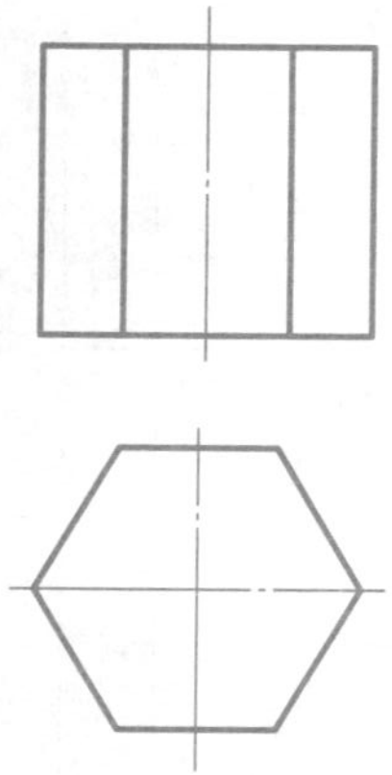

（4）根据已给视图，画出正等轴测图

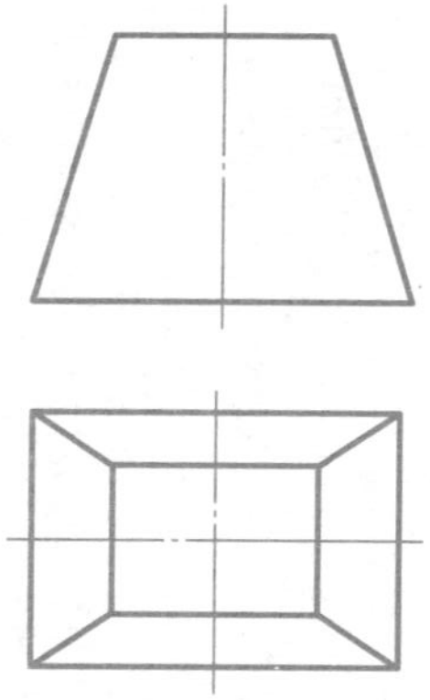

2. 绘制轴测图。

（1）根据已给视图，画出正等轴测图

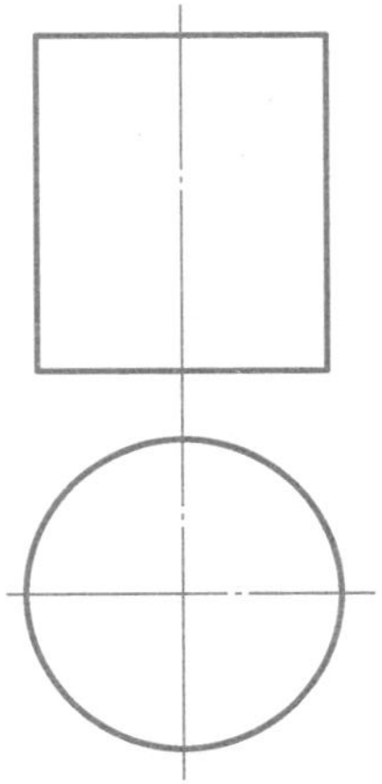

（2）根据已给视图，画出正等轴测图

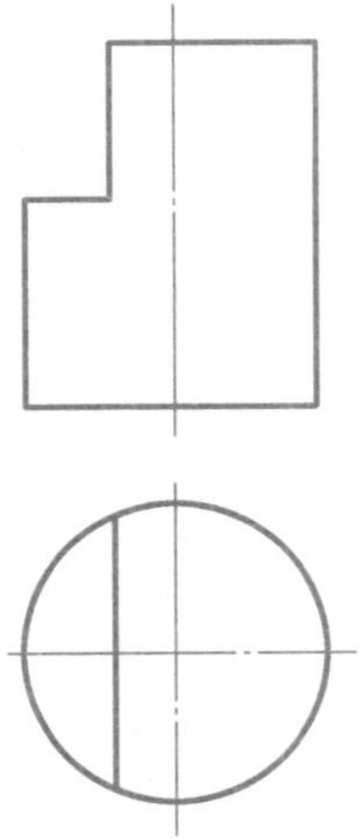

（3）根据已给视图，画出正等轴测图

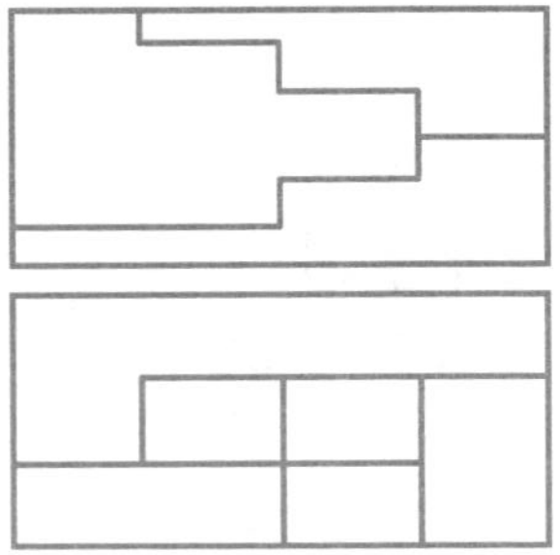

（4）根据已给视图，画出正等轴测图

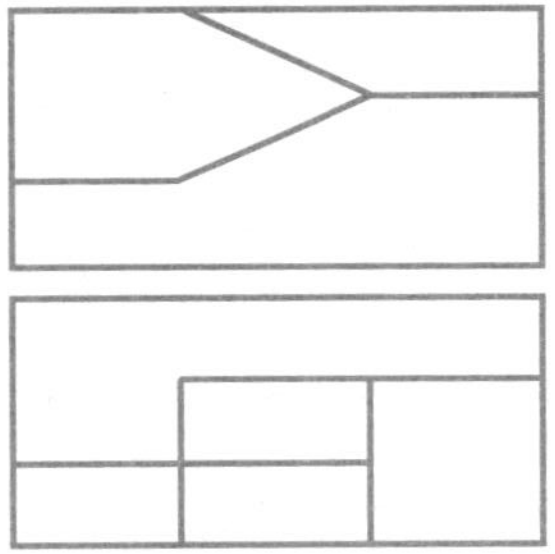

班级________ 学号________ 姓名________

3. 绘制轴测图。

（1）根据已给视图，画正面斜二测轴测图

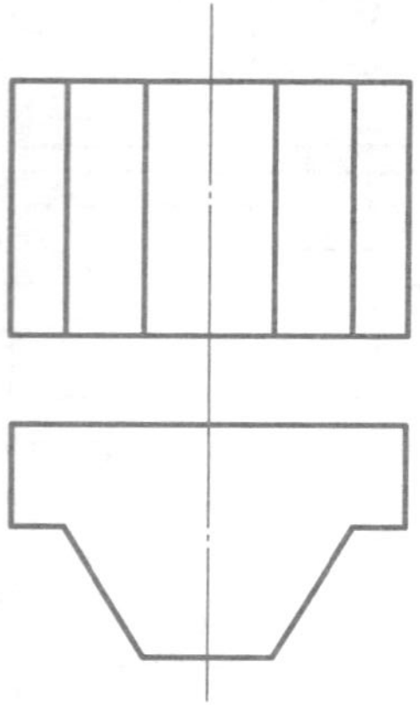

（2）根据已给视图，画正面斜二测轴测图

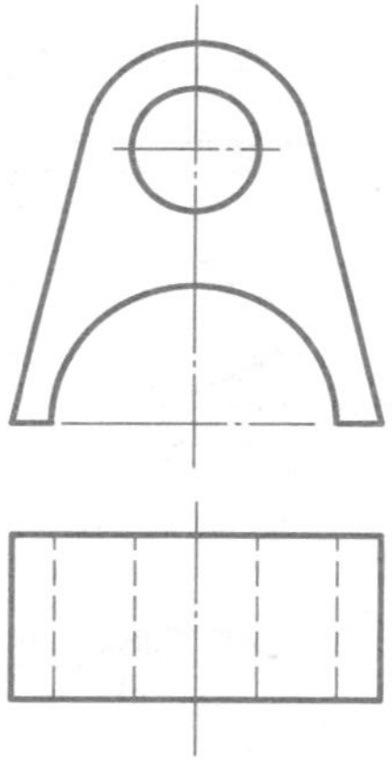

（3）根据已给视图，画正面斜二测轴测图

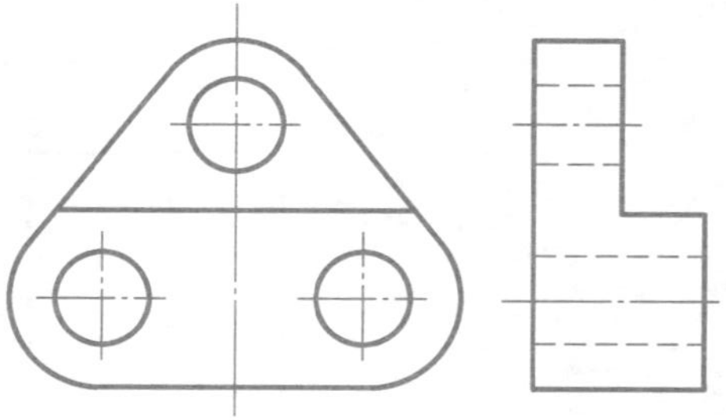

（4）根据已给视图，画正面斜二测轴测图

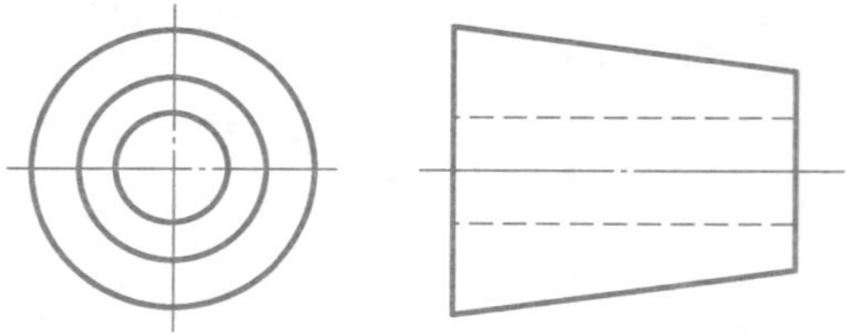

4. 尺寸标注。

（1）左图中尺寸标注有错误，请在右图上正确标注尺寸

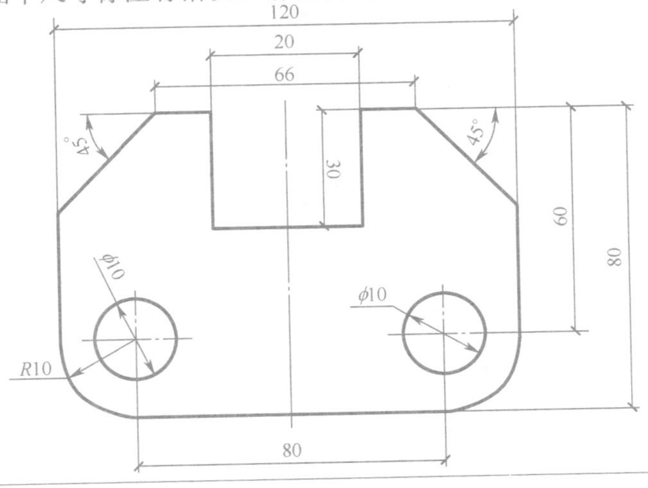

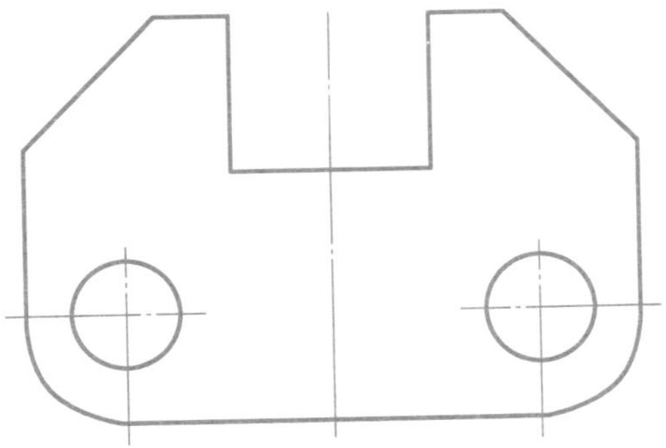

（2）左图中尺寸标注有错误，请在右图上正确标注尺寸

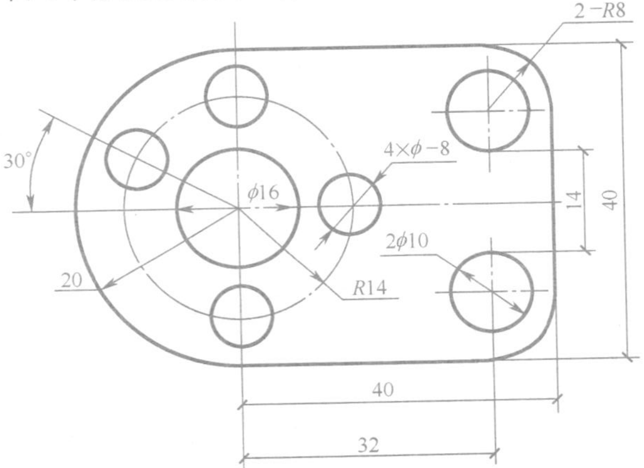

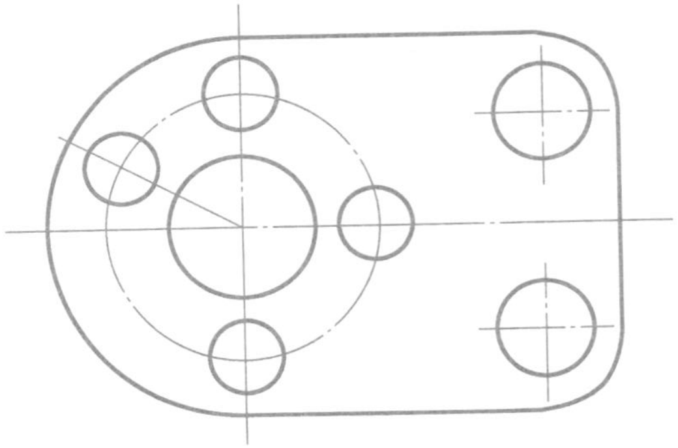

班级________ 学号________ 姓名________

5. 求作下列物体的第三投影，并在投影图中标出平面 p 和 r 的其余两投影。

（1）

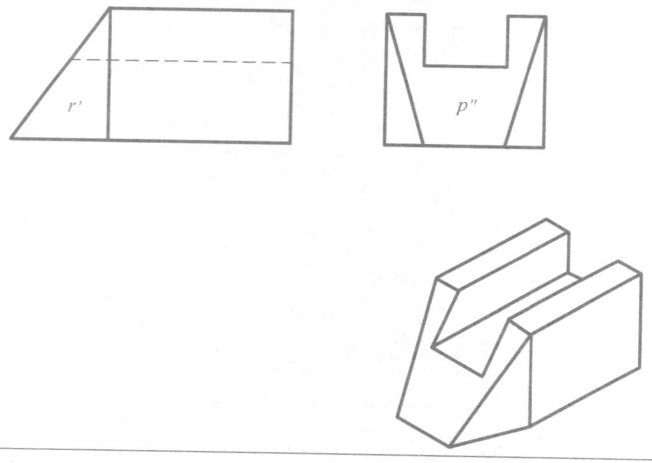

r' p''

（2）

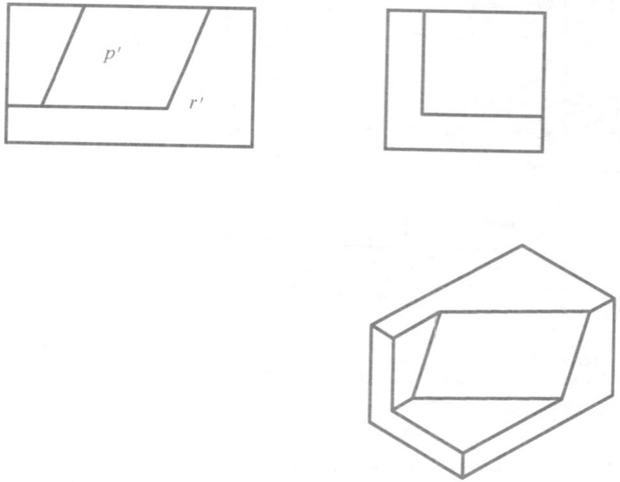

p' r'

（3）

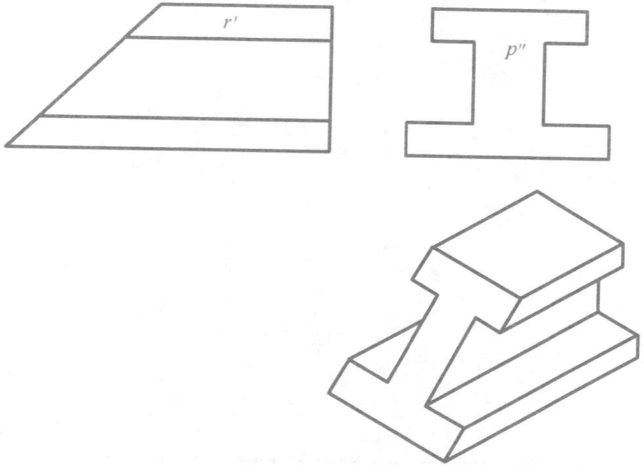

r' p''

（4）

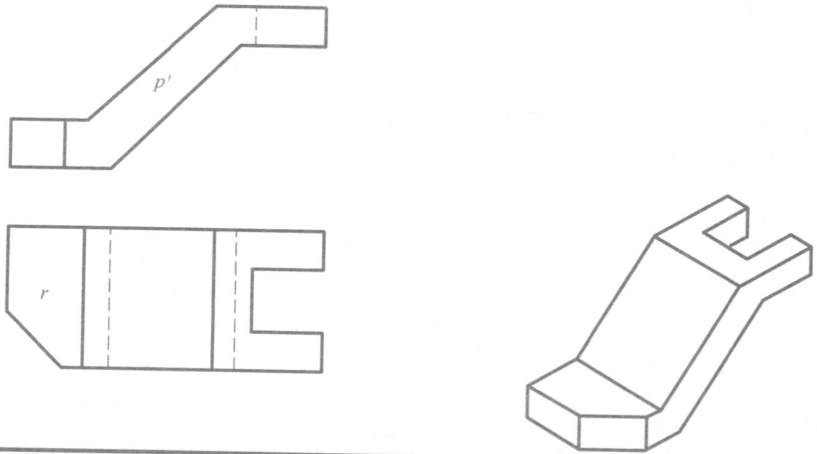

p' r

班级________学号________姓名________

6. 根据轴测图及图上所注尺寸，用 1：1 的比例画出组合体的三视图。

(1)

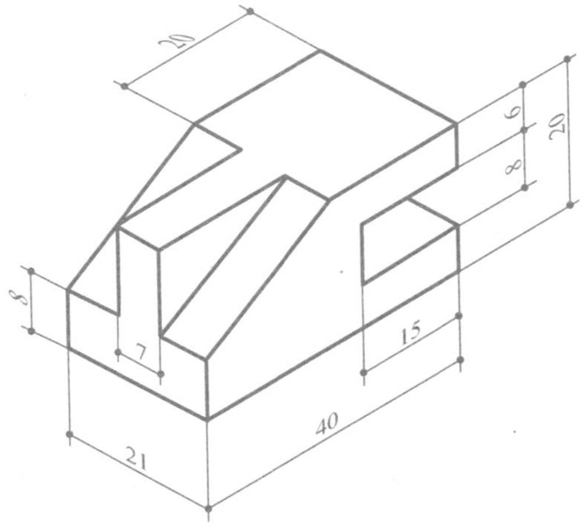

(2)

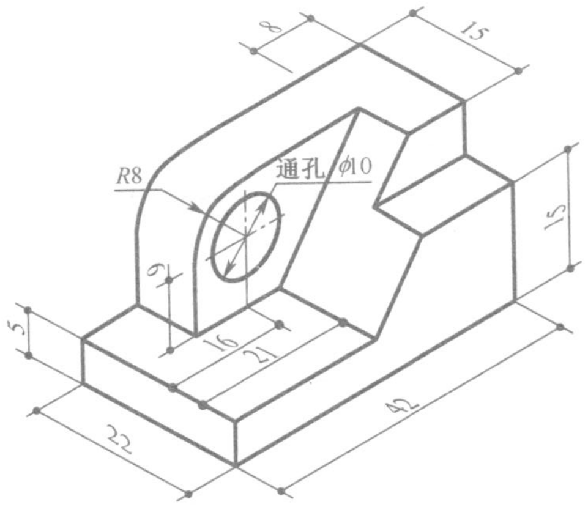

7. 分析形体标注尺寸（尺寸从图中 1：1 量取，并取整数）。

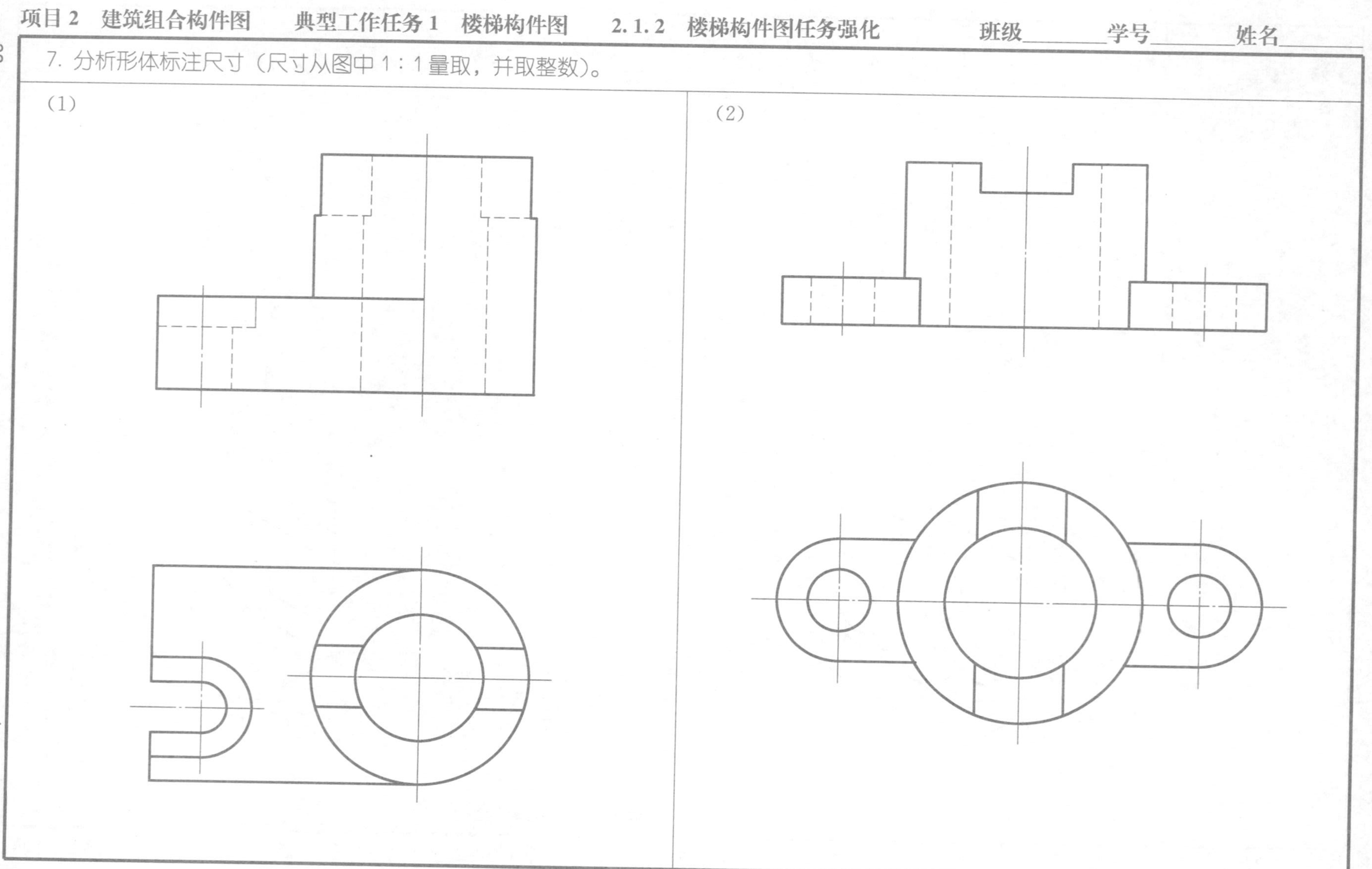

典型工作任务 2	屋面构件图	2.2.1	屋面构件图任务引导
学习小组		工作时间	

任务描述

通过本任务单元的学习，要求能够做到：

1. 能识读屋面的投影，并想出其立体形状，能绘制其三视图。
2. 能识读组合体的投影图。

工作任务如下：

图 2.9 中已知房屋的两面投影，想象其空间形状，补画其水平投影。

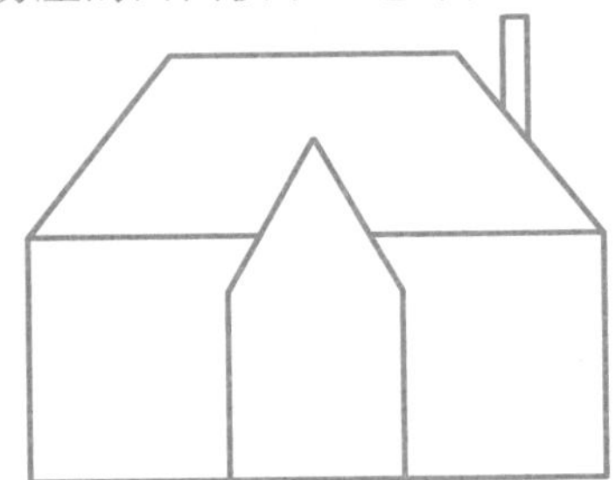
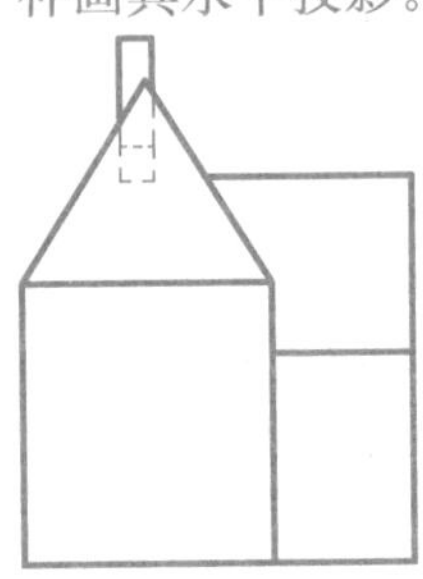

图　2.9

一、任务阶段

步骤 1：请同学们收集建筑屋面的图片，并把它贴在下面空白处。

步骤 2：将几个投影图联系起来阅读，并在旁边徒手绘制出其草图。

(1)

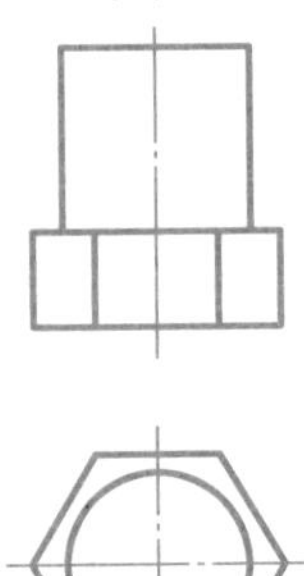

图　2.10

(2)

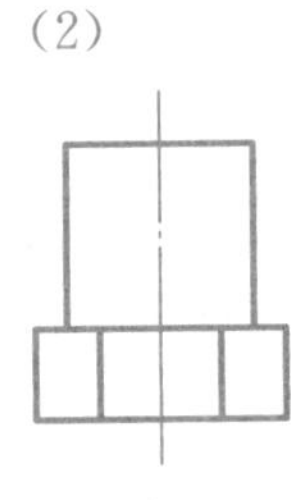
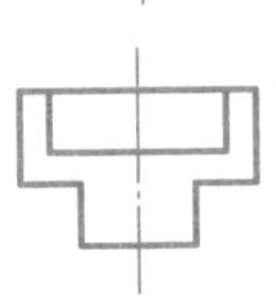

图　2.11

(3)

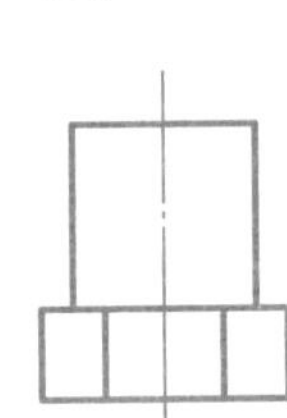
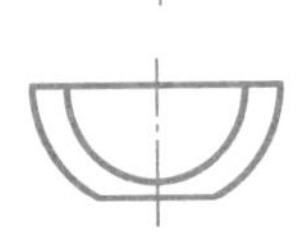

图　2.12

典型工作任务 2	屋面构件图	2.2.1	屋面构件图任务引导
学习小组		工作时间	
任务描述			

步骤 3：识读组合体。

（1）形体分析法。

①看图 2.13 中线框 1，它所对应的水平面的投影是________，故所表达的形体是________；请绘制出线框 1 对应形体的立体图，并补画出侧面投影。

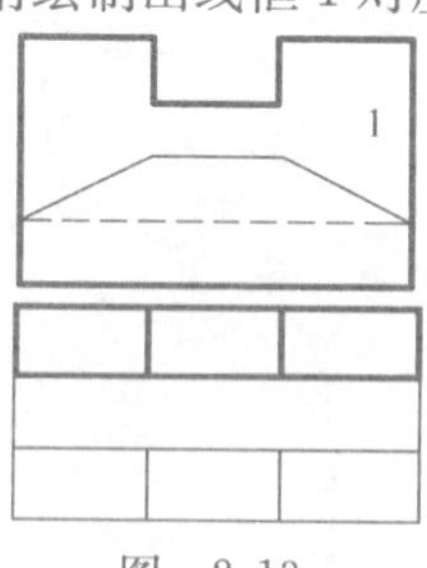

图　2.13

②看图 2.14 线框 2，它所对应的水平面的投影是________，故所表达的形体是________；请绘制出线框 2 对应形体的立体图，并补画出侧面投影。

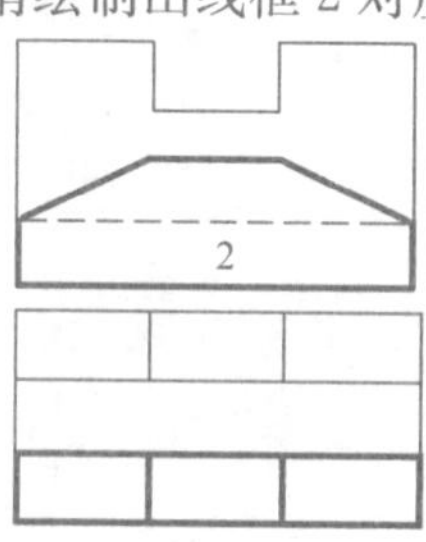

图　2.14

③看图 2.15 综合想象形体，绘制轴测图，完成侧面投影。

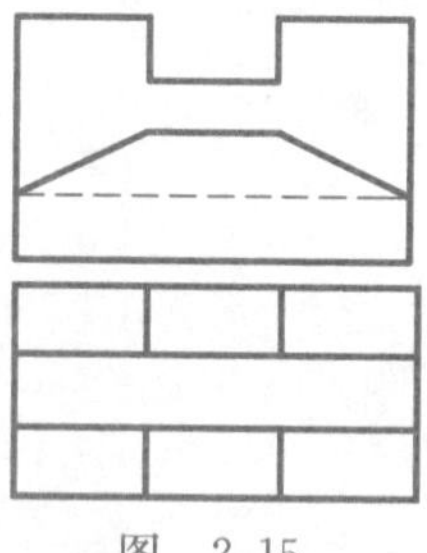

图　2.15

（2）线画分析法。

①补画图 2.16 切割之前完整四棱柱的侧面投影。②确定图 2.17 封闭线框 1 的空间位置。

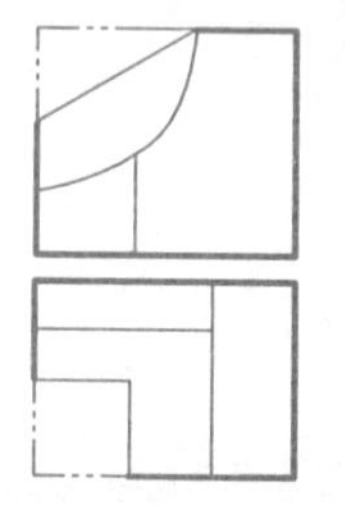
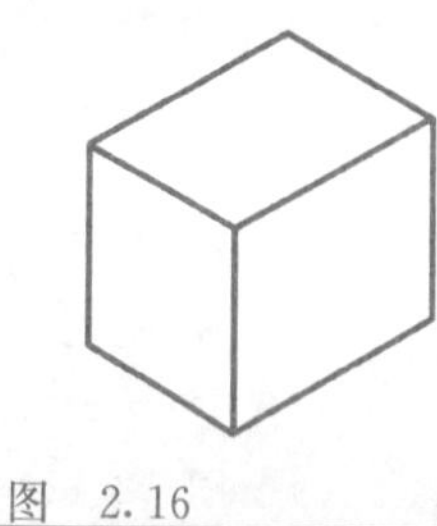

图　2.16

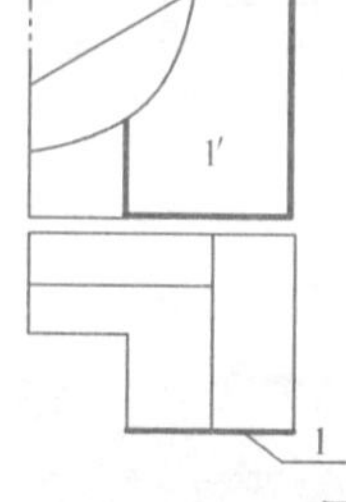

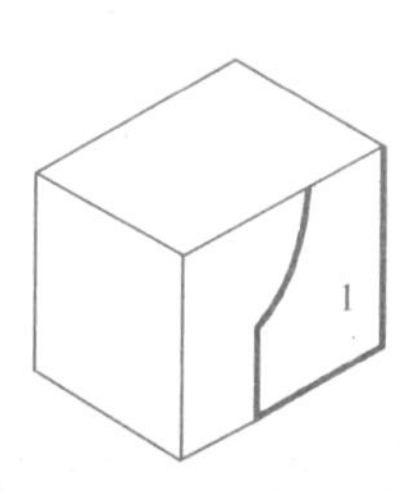

图　2.17

典型工作任务 2	屋面构件图	2.2.1	屋面构件图任务引导
学习小组		工作时间	
任务描述			

③确定图 2.18 中封闭线框 2 的空间位置。　④确定图 2.19 中封闭线框 3 的空间位置。

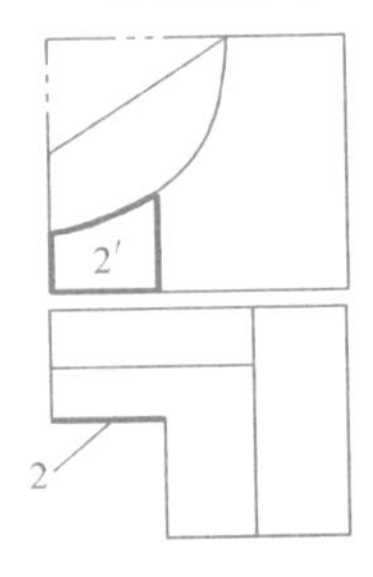

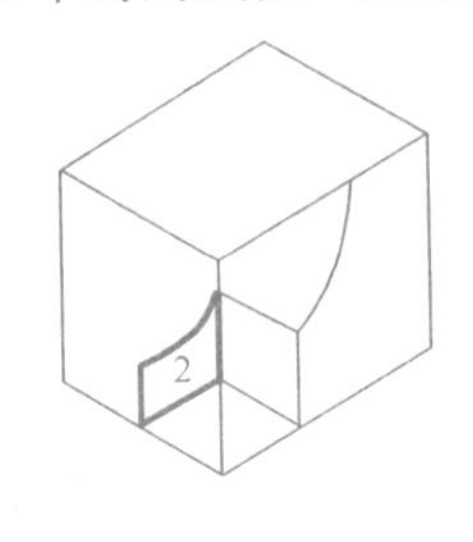

图　2.18

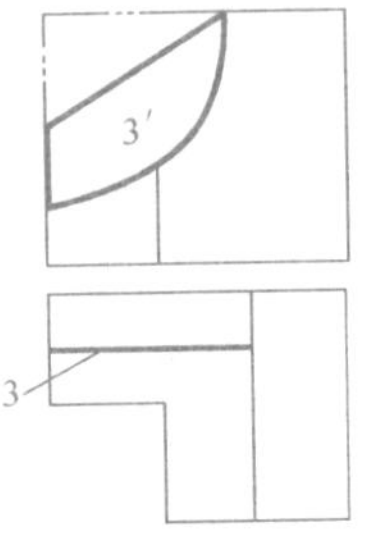

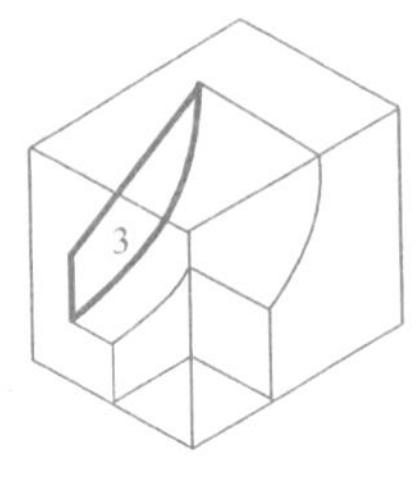

图　2.19

⑤确定图 2.20 中图线 *M* 的空间位置。　⑥确定图 2.21 中图线 *N* 的空间位置。

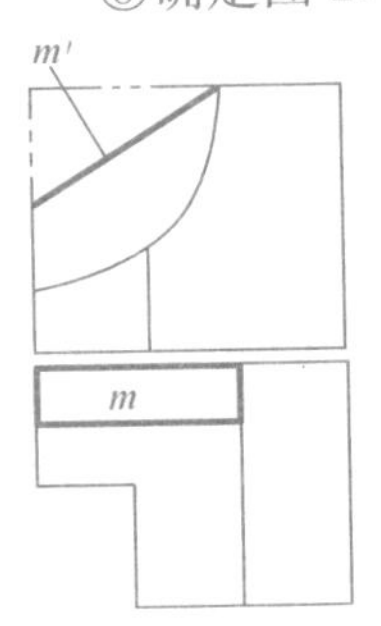

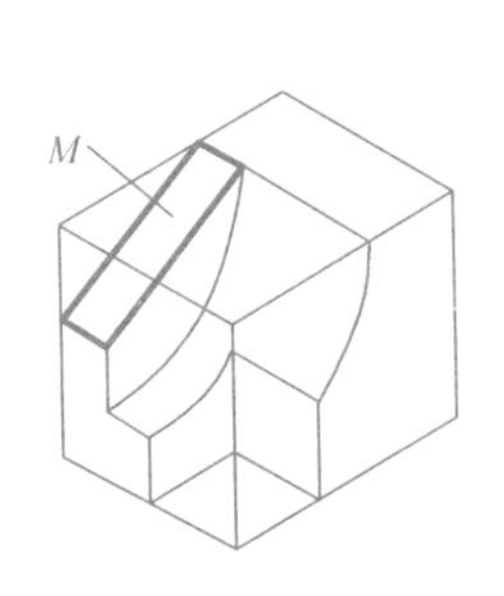

图　2.20

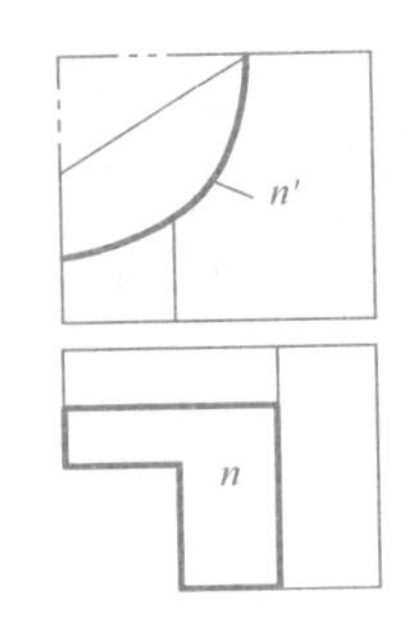

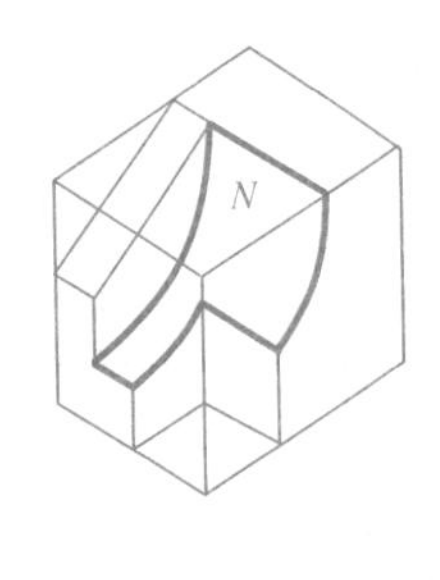

图　2.21

⑦确定图 2.22 中图线 *E* 的空间位置。　⑧确定图 2.23 中图线 *F* 的空间位置。

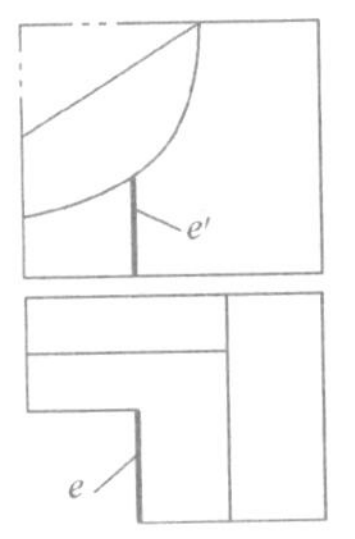

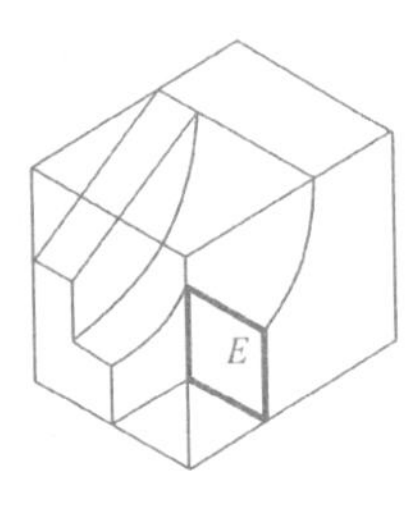

图　2.22

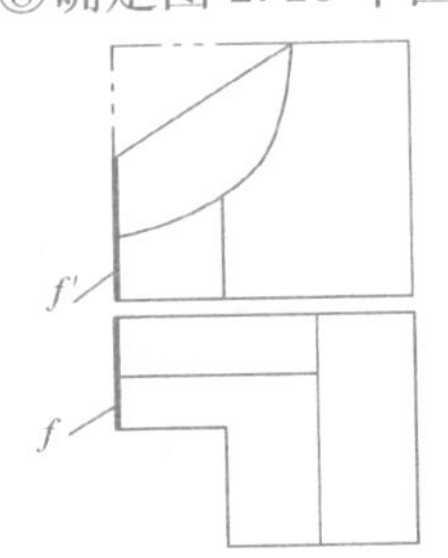

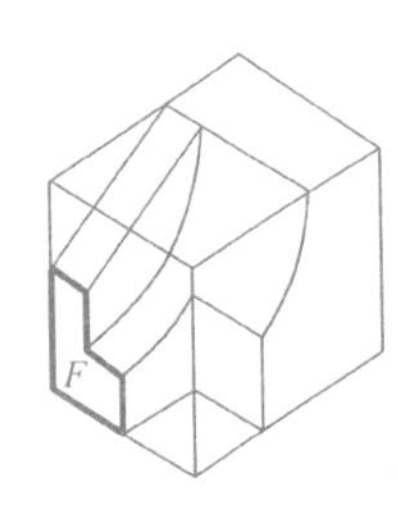

图　2.23

⑨确定图 2.14 中图线 *S* 的空间位置。⑩想象出图 2.25 完整组合体的形状，并完成侧面投影图。

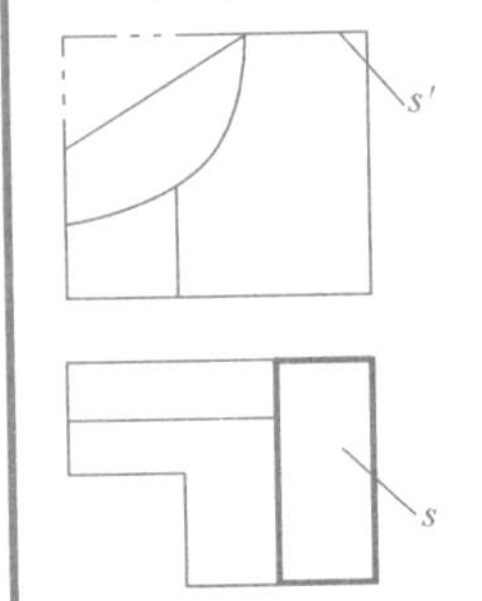

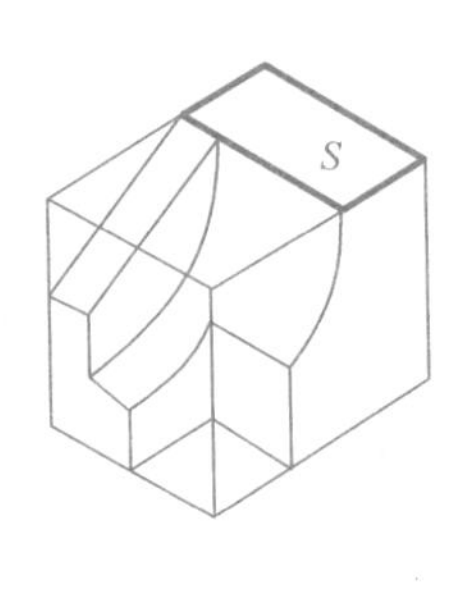

图　2.24

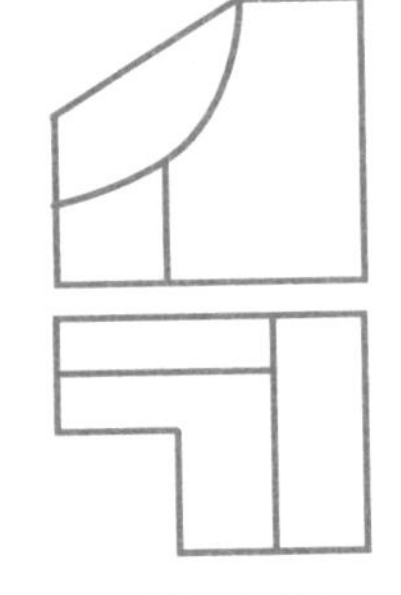

图　2.25

典型工作任务 2	屋面构件图	2.2.1	屋面构件图任务引导
学习小组		工作时间	
任务描述			

步骤 4：完成歇山屋面的三视图。

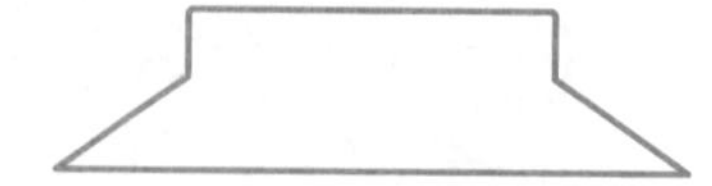

图　2.26

步骤 5：求图 2.27 中两形体相贯线的投影。

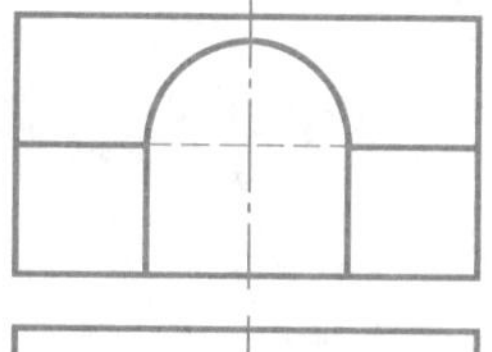

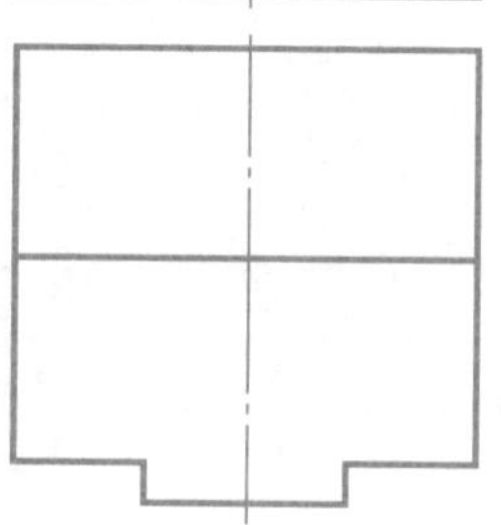

图　2.27

步骤 6：完成工作任务。

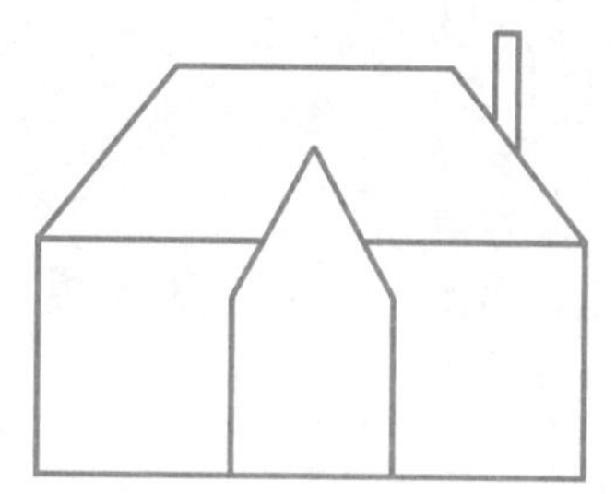
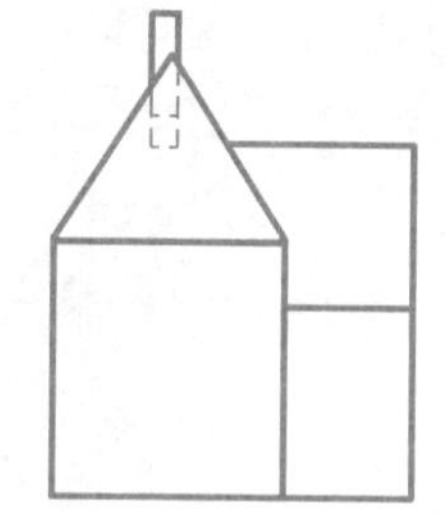

图　2.28

典型工作任务 2	屋面构件图	2.2.1	屋面构件图任务引导
学习小组		工作时间	
任务描述			

二、检查与评估

学生首先自查，然后以小组为单位进行任务互查，发现错误及时纠正，遇到问题商讨解决；教师在作出改进指导后，给出该项目学生的学习成果评价。

学 生 自 评 表

项目名称	建筑组合构件图	任务名称	屋面构件图
学生签名		实际得分	标准分值
国标应用能力			5
形体的空间构思能力			15
组合体投影图的识读能力			25
组合体投影图的绘制能力			30
时间控制与管理			5
是否能认真描述困难、错误和修改内容			5
对自己的工作评价			5
团队合作精神			10
合计得分			100
改进内容及方法：			

教 师 评 价 表

项目名称	建筑组合构件图	任务名称	屋面构件图
学生姓名		实际得分	标准分值
国标应用能力			5
形体的空间构思能力			15
组合体投影图的识读能力			25
组合体投影图的绘制能力			30
时间控制与管理			5
是否能认真描述困难、错误和修改内容			5
对自己的工作评价情况			5
素养考核			10
合计得分			100

1. 已知主俯视图，选择正确的左视图。

(1)

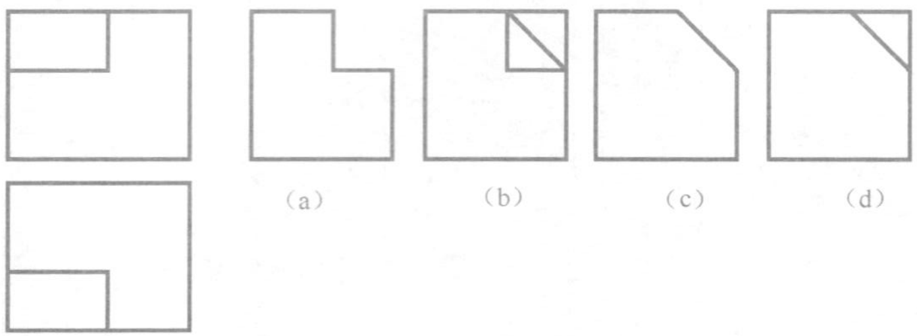

(a)　(b)　(c)　(d)

(2)

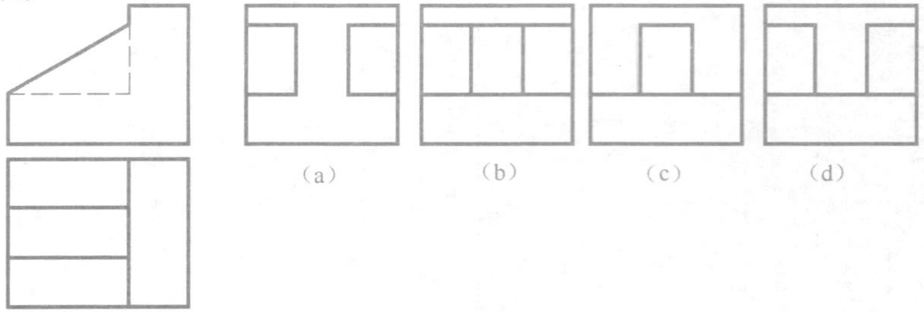

(a)　(b)　(c)　(d)

(3)

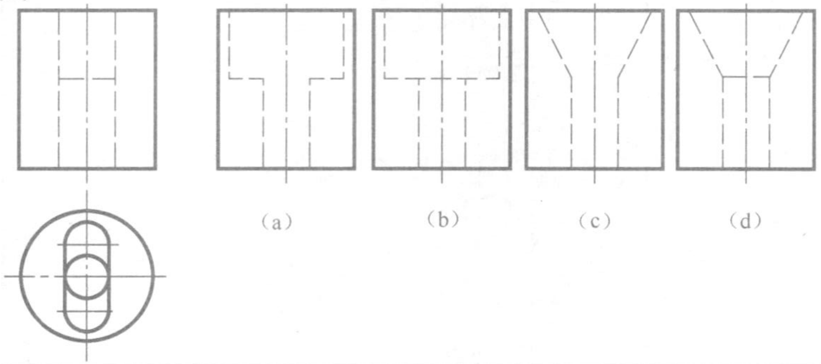

(a)　(b)　(c)　(d)

(4)

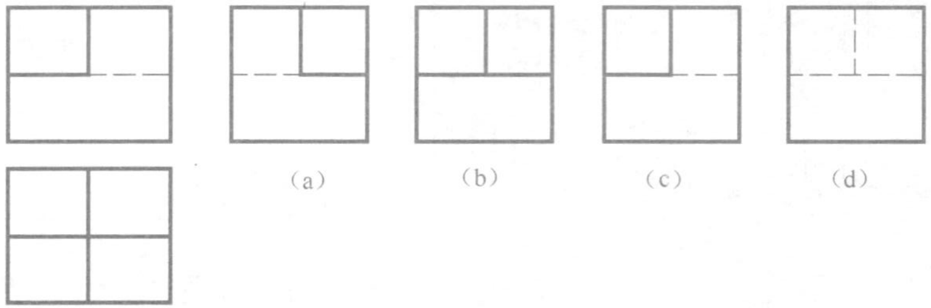

(a)　(b)　(c)　(d)

(5)

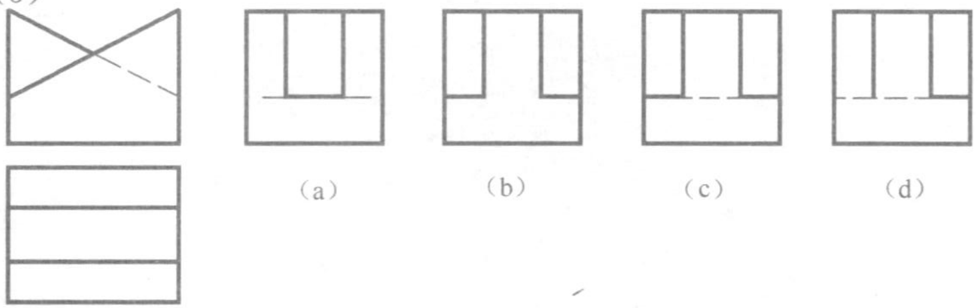

(a)　(b)　(c)　(d)

(6)

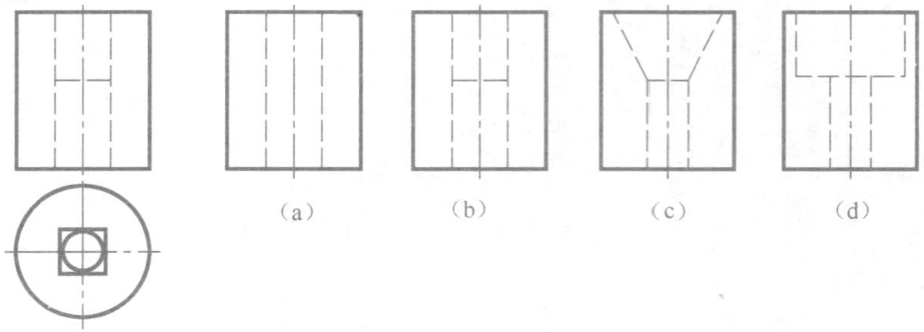

(a)　(b)　(c)　(d)

2. 补画第三投影。

(1)

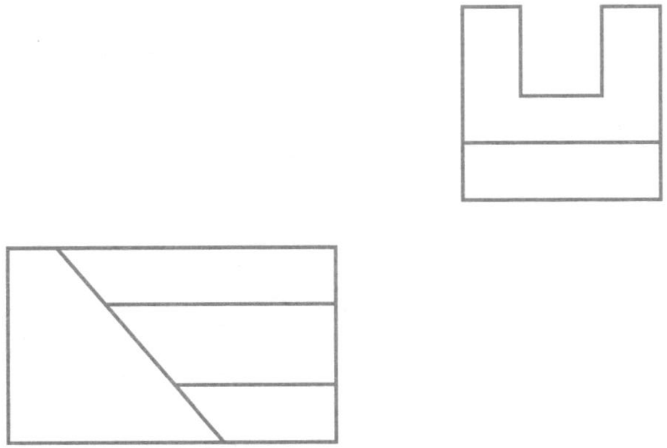

(2)

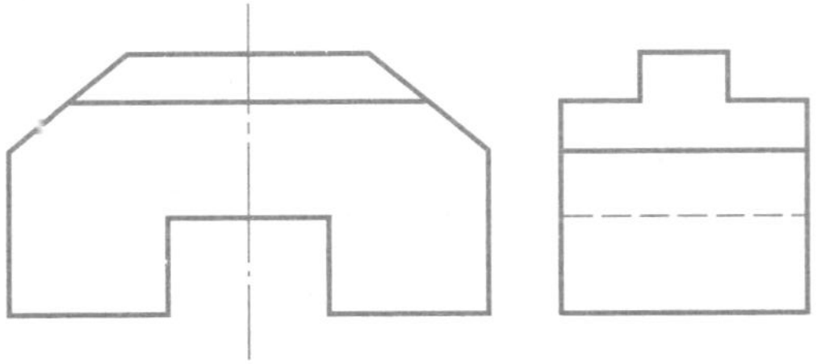

(3)

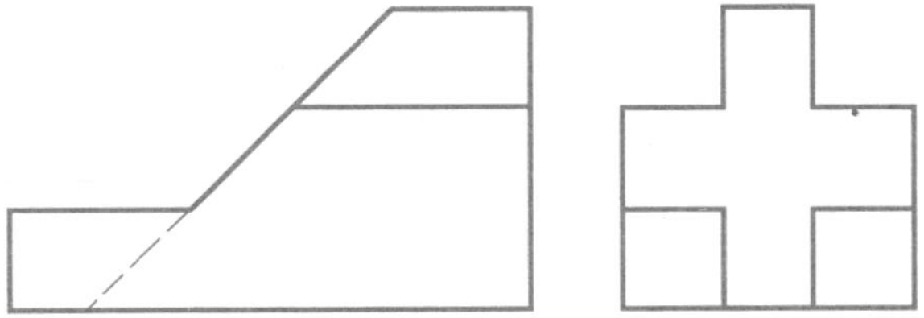

(4)

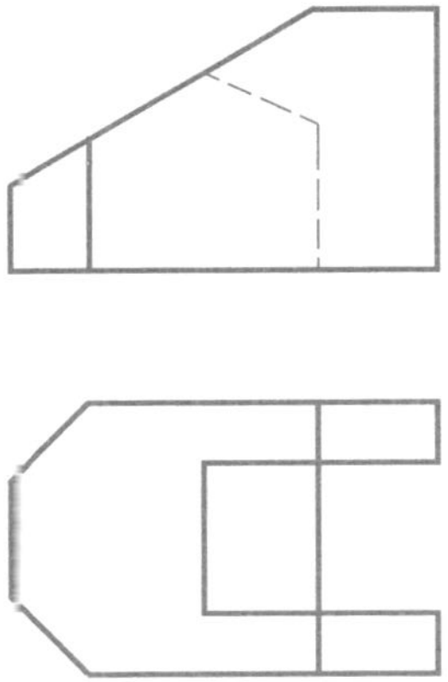

班级________学号________姓名________

2. 补画第三投影。

(5)

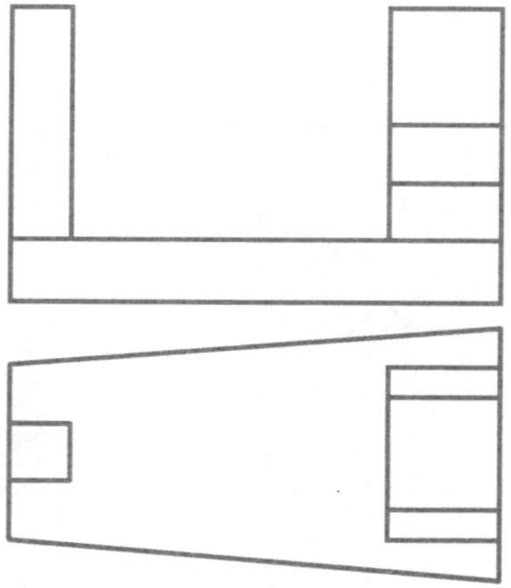

(6)

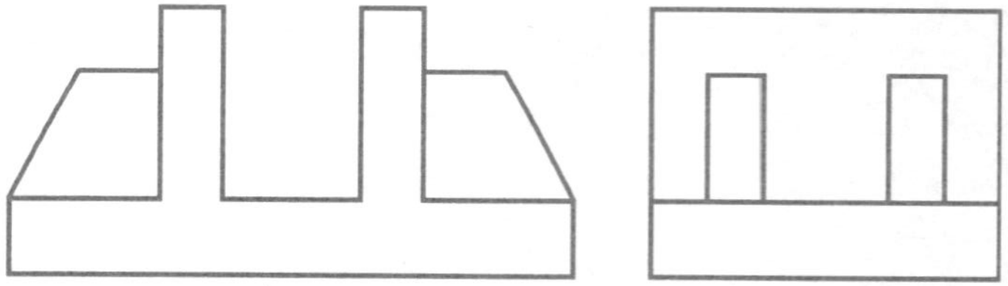

(7)

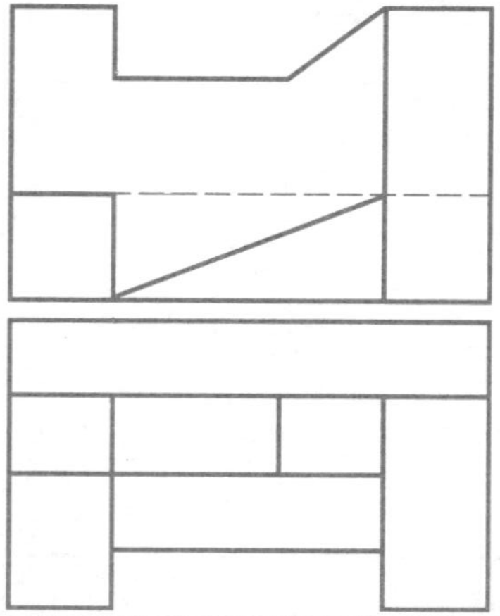

(8)

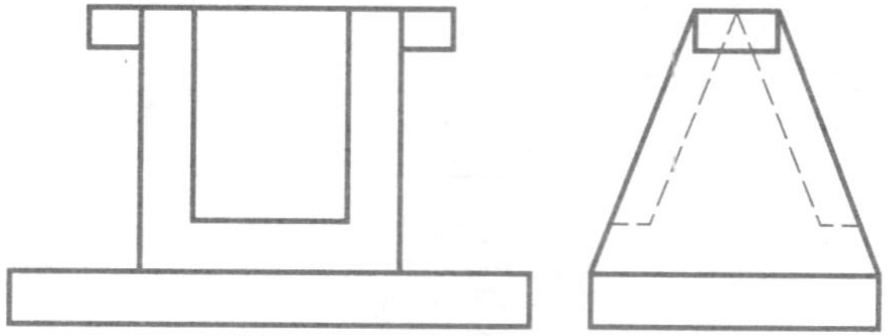

2. 补画第三投影。

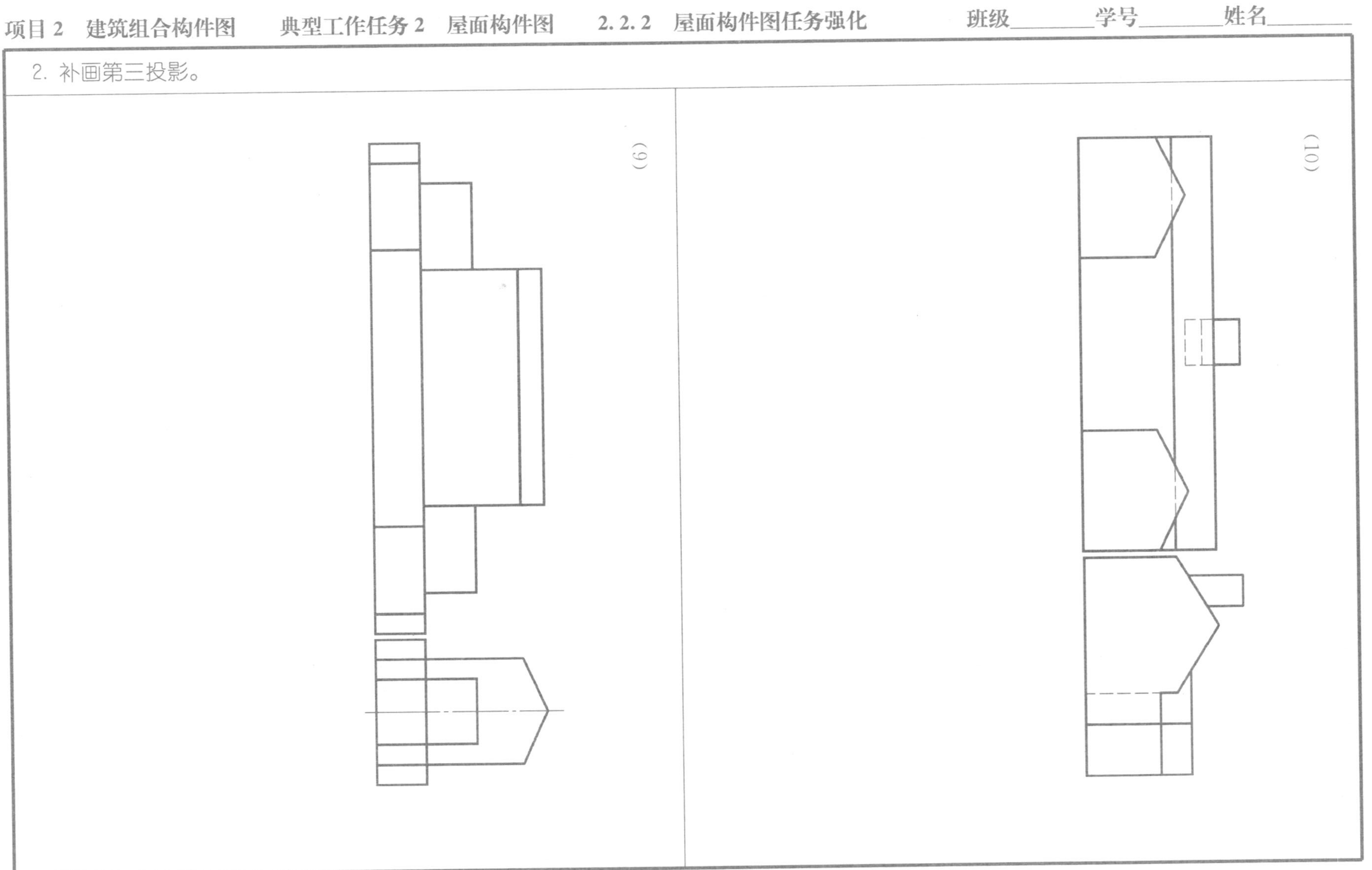

典型工作任务 3	基础构件图	2.3.1	基础构件图任务引导
学习小组		工作时间	

任务描述

能力目标

1. 能识读基础构件的投影，并想出其立体形状，能绘制其三视图。
2. 能识读组合体的投影图。

工作任务

已知杯型基础的两面投影，想象其空间形状，补画 2-2 剖面图。

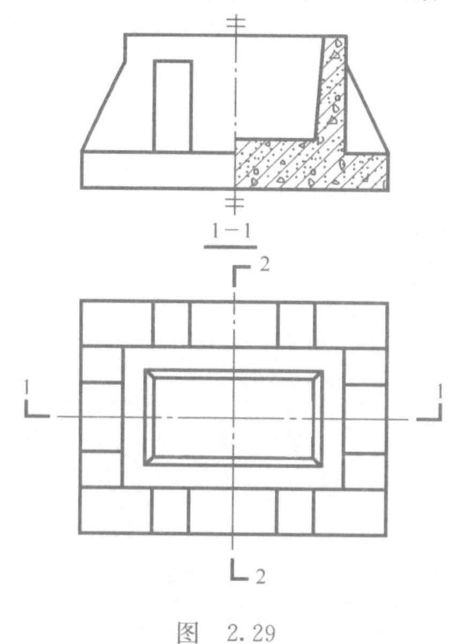

图　2.29

一、任务阶段

步骤 1：请同学们收集建筑基础的图片，并把它贴在下面空白处。

典型工作任务 3	基础构件图	2.3.1	基础构件图任务引导
学习小组		工作时间	

任务描述

步骤 2：观察图 2.30，回答问题。

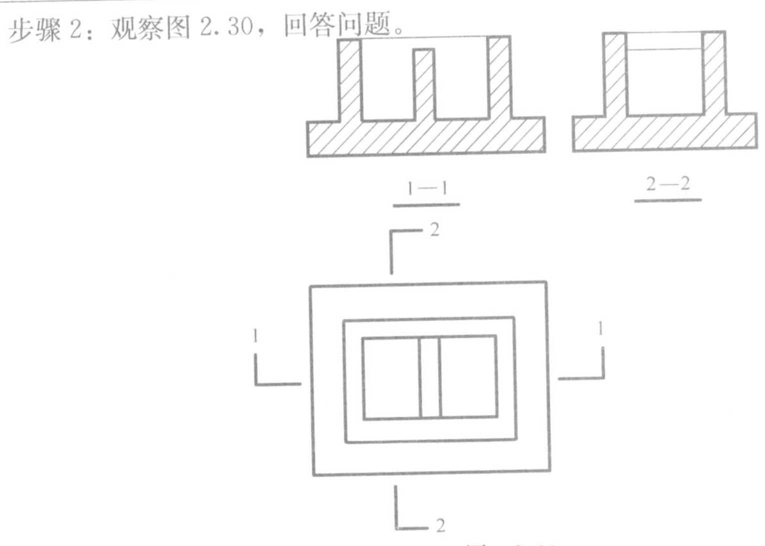

图　2.30

（1）为什么形体要采用剖面图？

（2）剖面图和断面图的区别是什么？

（3）剖切符号有什么规定？

（4）材料图例的要求是什么？

步骤 3：剖面图的分类及适用条件。

（1）全剖面图。

①补全图 2.31～图 2.33 中剖面图中所缺的线。

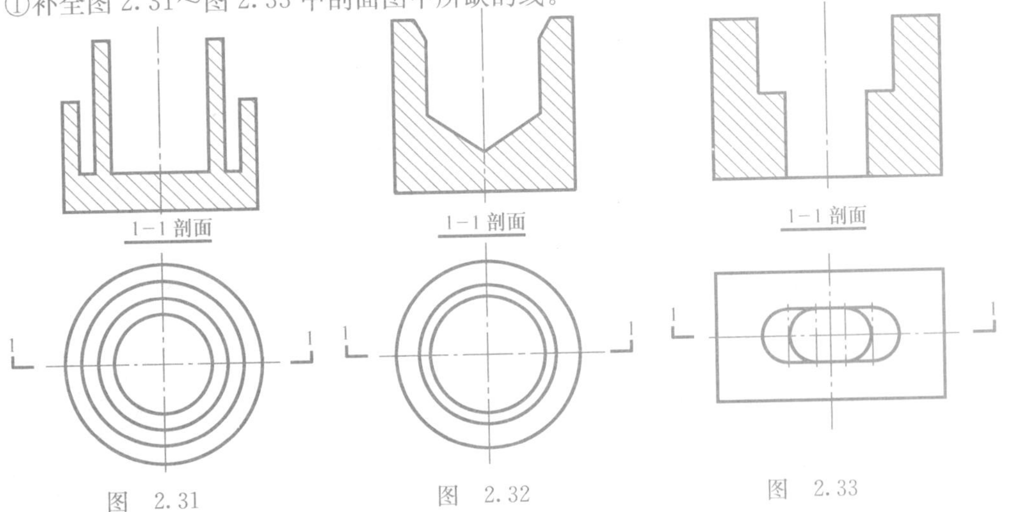

图　2.31　　图　2.32　　图　2.33

②结论：

全剖面图适用于不对称视图，或者外部结构比较简单的对称视图。

（2）半剖面图。

①将图 2.34 中形体的正立面、侧立面改画成剖面图。

典型工作任务3	基础构件图	2.3.1	基础构件图任务引导
学习小组		工作时间	

任务描述

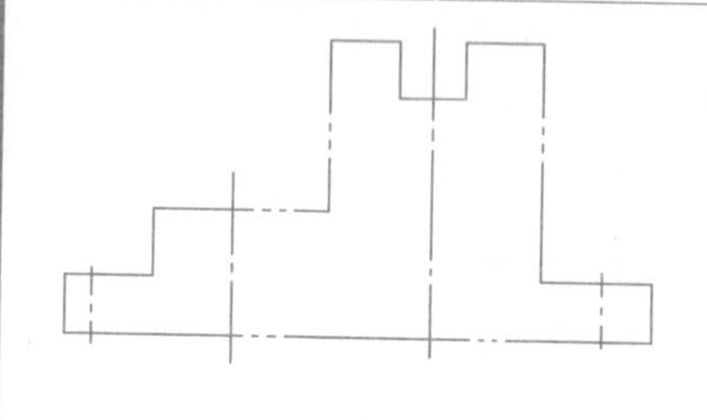

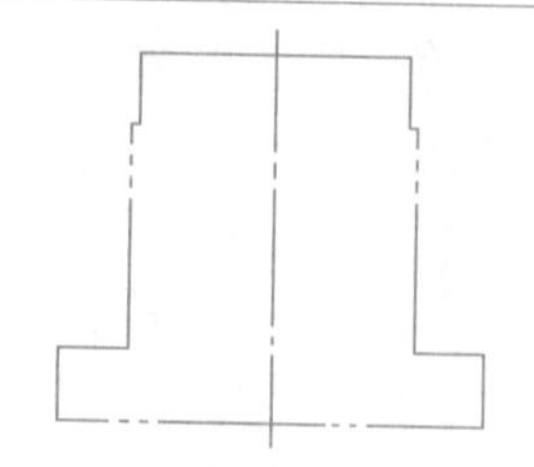

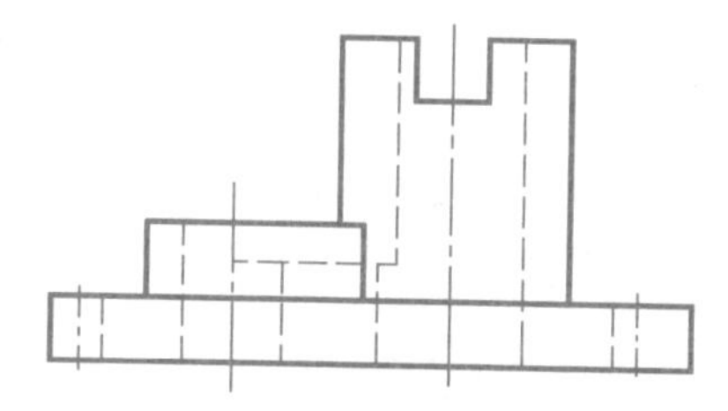

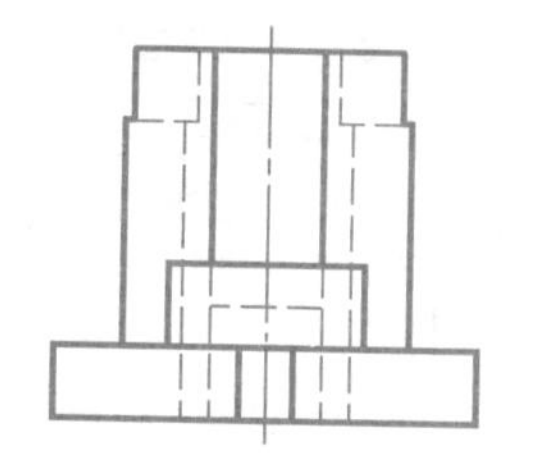

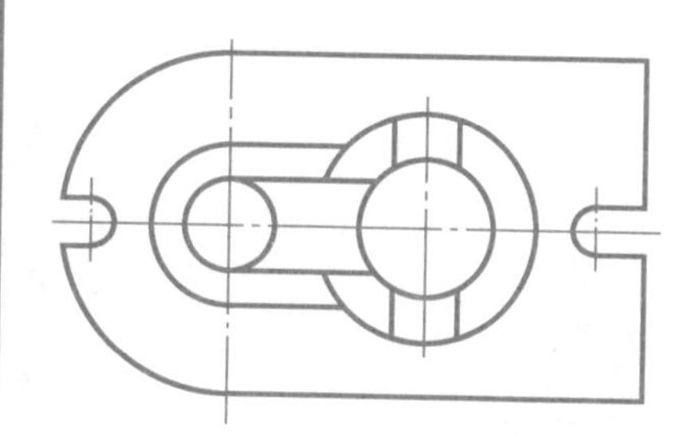

图　2.34

②结论：

半剖面图适用于对称视图，且剖面部分在左右对称视图的______半或上下对称视图的______半，半视图和半剖面需用________作为分界线，在半个视图中应省略半个剖面图中已经表达出来的________。

(3) 展开剖面图。

将图2.35中形体的正立面图改画成剖面图。

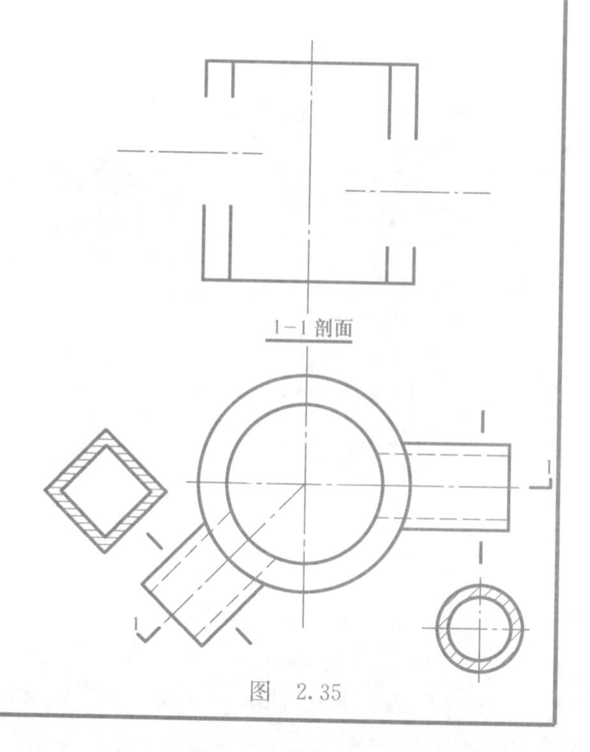

图　2.35

步骤4：请同学们自行学习断面图的内容，并完成工作任务。

典型工作任务 3	基础构件图	2.3.1	基础构件图任务引导
学习小组		工作时间	
任务描述			

二、检查与评估

学生首先自查，然后以小组为单位进行任务互查，发现错误及时纠正，遇到问题商讨解决；教师在作出改进指导后，给出该项目学生的学习成果评价。

学 生 自 评 表

项目名称	建筑组合构件图	任务名称	基础构件图
学生签名		实际得分	标准分值
国标应用能力			5
形体剖面图的识读能力			25
形体剖面图的绘制能力			25
形体断面图的绘制能力			20
时间控制与管理			5
是否能认真描述困难、错误和修改内容			5
对自己的工作评价			5
团队合作精神			10
合计得分			100
改进内容及方法：			

教 师 评 价 表

项目名称	建筑组合构件图	任务名称	基础构件图
学生姓名		实际得分	标准分值
国标应用能力			5
形体剖面图的识读能力			25
形体剖面图的绘制能力			25
形体断面图的绘制能力			20
时间控制与管理			5
是否能认真描述困难、错误和修改内容			5
对自己的工作评价情况			5
素养考核			10
合计得分			100

班级________学号________姓名________

1. 将正立面和侧立面投影改作适当的剖面图。

（1）

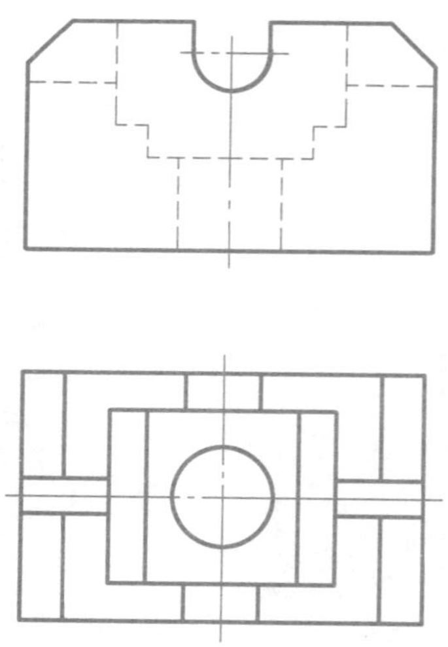

（2）

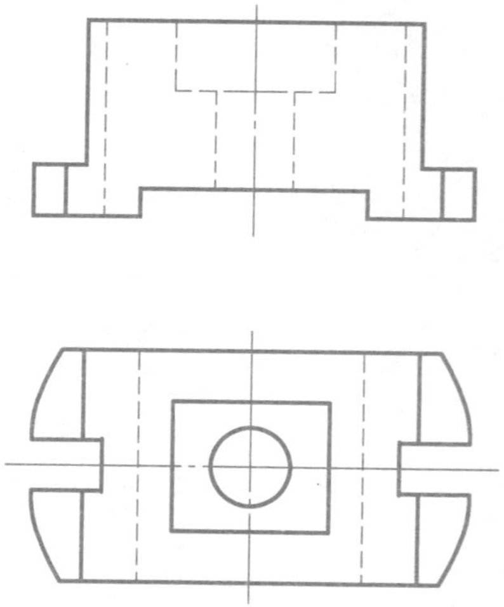

2. 识读基础的剖面图，并将侧立面绘制成适当的剖面图。

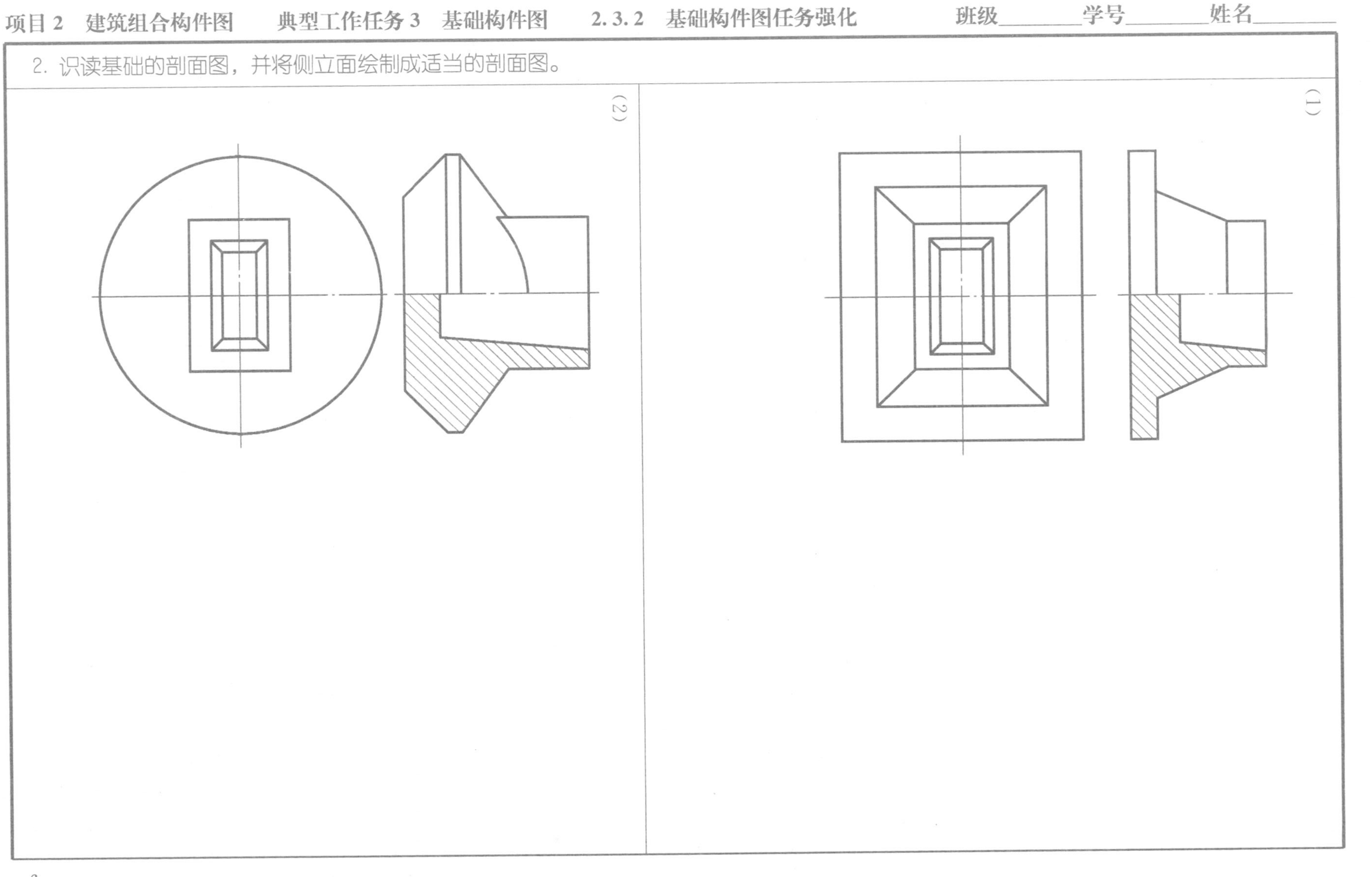

3. 补绘剖面图。

（1）补绘 1-1 剖面图

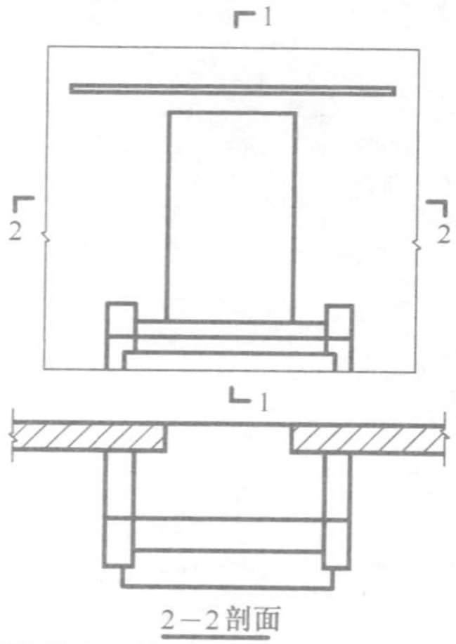

2—2 剖面

（2）补绘 1-1 剖面图

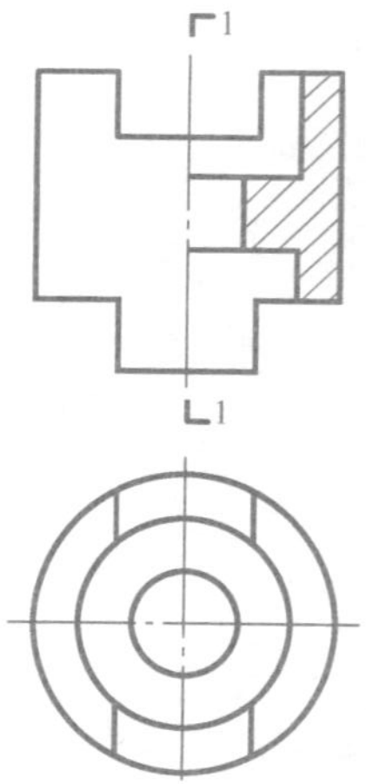

（3）补绘 A-A 旋转剖面图

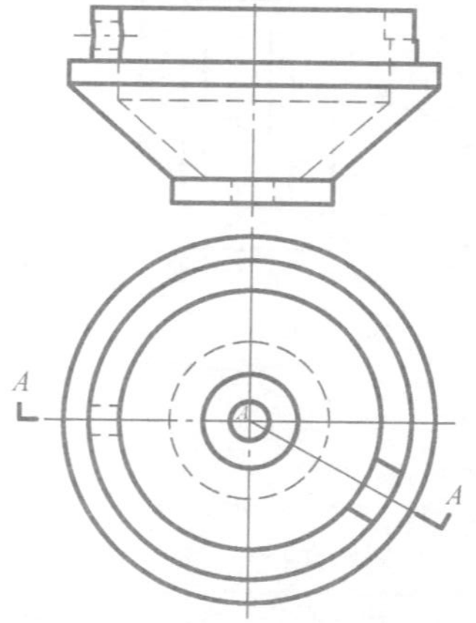

（4）补绘 2-2、3-3 剖面图

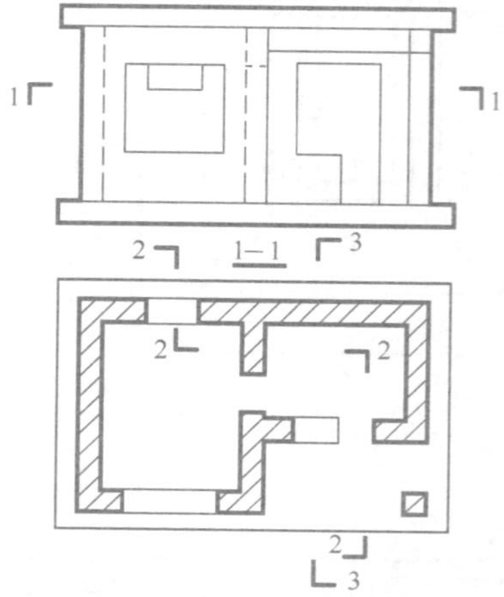

1—1

4. 剖面和断面。

（1）画出下列梁所指定的剖面图和断面图

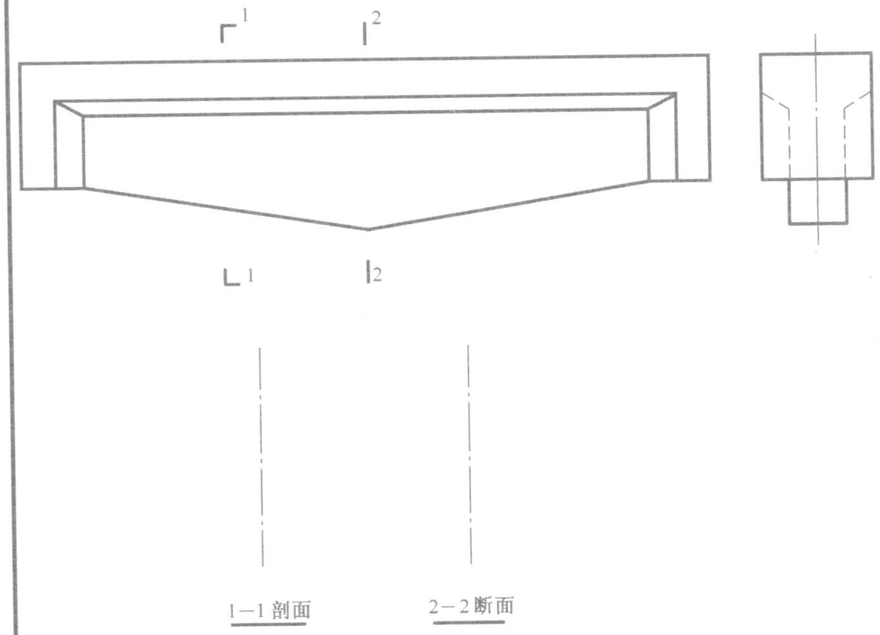

（2）完成 1-1、2-2、3-3 断面图和剖面图

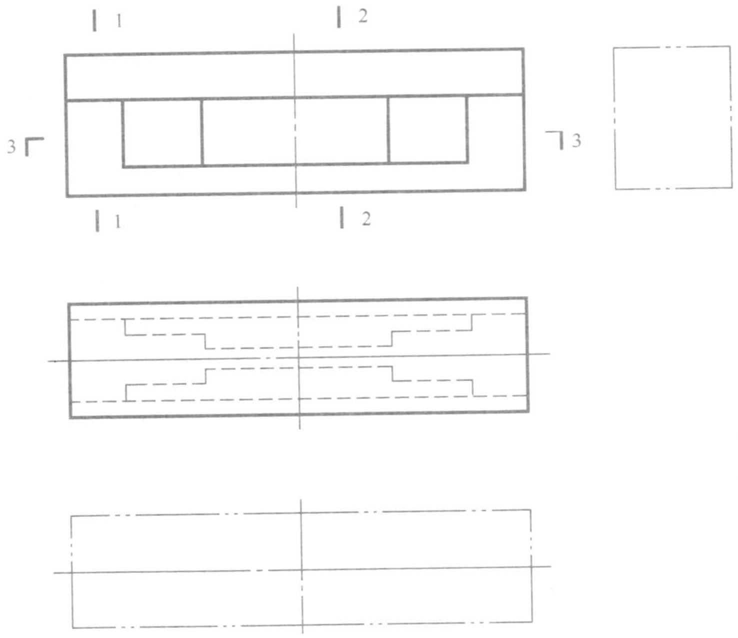

<table>
<tr><td colspan="4">建筑工程图</td></tr>
<tr><td>学习小组</td><td></td><td>工作时间</td><td></td></tr>
<tr><td colspan="4">任务描述</td></tr>
</table>

能力目标

1. 能够掌握建筑工程图样的图示特点和表达方法。
2. 初步掌握绘制与识读建筑工程图的方法。
3. 能够正确绘制和识读中等复杂程度的建筑施工图和结构施工图。

工作任务

1. 对别墅周围的地形、道路等情况进行识读。

2. 对别墅的平面形状及尺寸和内部组成，别墅的内部构造形式、分层情况及各部位连接情况，立面造型、装修、标高，细部构造、大小、材料等进行识读。

3. 对别墅基础的平面布置及基础与墙、柱轴线的相对位置关系，以及基础的断面形状、大小、基底标高、基础材料，梁、板等的布置，以及构造配筋及屋面结构布置，梁、柱、基础、楼梯的构造做法。

学生自评表

<table>
<tr><td>学生签名</td><td></td><td>实际得分</td><td>标准分值</td></tr>
<tr><td colspan="2">识读建筑施工图的能力</td><td></td><td>35</td></tr>
<tr><td colspan="2">识读结构施工图的能力</td><td></td><td>35</td></tr>
<tr><td colspan="2">是否能认真描述困难、错误和修改内容</td><td></td><td>10</td></tr>
<tr><td colspan="2">对自己的工作评价</td><td></td><td>5</td></tr>
<tr><td colspan="2">团体合作精神</td><td></td><td>15</td></tr>
<tr><td colspan="2">合计得分</td><td></td><td>100</td></tr>
<tr><td colspan="4">改进内容及方法：</td></tr>
</table>

教师评价表

<table>
<tr><td>学生姓名</td><td></td><td>实际得分</td><td>标准分值</td></tr>
<tr><td colspan="2">识读建筑施工图的能力</td><td></td><td>35</td></tr>
<tr><td colspan="2">识读结构施工图的能力</td><td></td><td>35</td></tr>
<tr><td colspan="2">时间控制与管理</td><td></td><td>10</td></tr>
<tr><td colspan="2">对自己的工作评价情况</td><td></td><td>5</td></tr>
<tr><td colspan="2">是否能认真描述困难、错误和修改内容</td><td></td><td>10</td></tr>
<tr><td colspan="2">素养考核</td><td></td><td>5</td></tr>
<tr><td colspan="2">合计得分</td><td></td><td>100</td></tr>
</table>

班级________学号________姓名________

建筑设计说明

一、工程概况

1. 本工程为朔州市鸿福苑小区 B-1 号三层别墅楼
2. 建筑物分类及耐火等级：二类建筑　二级耐火等级
3. 建筑抗震设防裂度：七度
4. 总用地面积：512.3 m^2
5. 建筑面积：994 m^2
6. 建筑高度：12.15 m
7. 结构型式：砖混结构
8. 建筑物散水标高详见道路竖向图
9. 地下水位：自然地坪以下 15 m
10. 冻土深度：−1.0 m
11. 主要外装修：刷外墙涂料、贴花岗岩石板
12. 本工程土建筑工图纸包括建筑、结施、水施、暖施、电施
13. 设计时间：2003.5

二、设计依据

1. 可行性研究批复
2. 设计任务书
3. 地形图
4. 地质报告
5. 有关规范：（1）住宅设计规范 GB 50096—1999
（2）建筑设计防火规范 GBJ 16—1987
（3）民用建筑设计通则 JGJ 37—1987
（4）其他有关规范及规程
6. 设计合同
7. 初步设计审查意见

三、施工图设计说明

1. 墙体：均为机制砖
2. 各层暴露在外的混凝土梁外挂 40 mm 厚聚苯板，暖气槽内抹 18 mm 厚保温砂浆
3. 屋面防（排）水、保温
屋面采用高聚物改性沥青防水卷材措施防水
屋面保温材料选用聚苯乙烯泡沫塑料板保温
4. 各种管道穿越楼板应做钢套管，套管顶部高出地（楼）面 30 mm，套管底部与地（楼）板底面平齐，套管与套管间填密封膏
5. 所有卫生间及阳台完成楼地面比其他楼地面低 20 mm，具体详见工程做法
6. 门窗及内装修
除特殊门窗外，所有门窗立樘居中
7. 窗台板采用水磨石台板
8. 二层上人屋面落水管下做 400 mm×400 mm 混凝土 C10 垫块（100 mm 厚）
9. 阳光室采用玻璃材料，本设计仅给出布置位置，具体分格待后期施工时确定
10. 其他
本图所注尺寸以毫米（mm）为单位，标高以米（m）为单位，施工时涉及装修材料颜色、质地时，应在施工前与建筑师商定土建施工中应与有关设备工程图纸配合施工其他未尽事宜请施工单位严格遵守施工验收规范中的有关规定，必要时由本院提供补充设计

门 窗 表

门窗名称	洞口尺寸	门窗数量	采用标准图		备　注
		樘	图集代号	编号	
C-1	1 200×1 500	9	98J4（一）	1TC-54	
C-10	1 800×1 500	4	98J4（一）	1TC-64	
C-11	1 200×300	6	98J4（一）	1TC-43	
C-12	1 200×300	7	98J4（一）	1TC-43	
C-13	1 500×300	2	98J4（一）	1TC-53	
C-14	1 800×300	1	98J4（一）	1TC-63	
C-15	900×300	1	98J4（一）	1TC-33	
C-2	1 200×2 000	4	98J4（一）	1TC-46	
C-3	1 500×1 500	7	98J4（一）	1TC-55	
C-4	1 500×2 000	3	98J4（一）	1TC-56	
C-5	1 800×2 000	3	98J4（一）	1TC-66	
C-6	1 521×2 000	6			
C-7	2 161×2 000	3			
C-8	4 679×2 000	2			
C-9	6 114×2 000	2			
M-1	5 400×2 550	1			卷闸或自动门
M-1′	2 700×2 100	1			卷闸或自动门
M-2	1 200×2 100	2	98J4（二）	$2M_{11}57$	
M-3	1 000×2 100	2	98J4（二）	$2M_{11}17$	
M-4	900×2 100	10	98J4（二）	1M37	
M-4′	900×2 100	1	98J4（二）	$2M_{12}17$	
M-5	750×2 100	12	98J4（二）	$1M_{2}07$	
M-6	1 200×2 100	5	98J4（二）	$2M_{9}57$	
M-6′	1 200×2 100	3			玻璃门
M-7	1 200×2 100	2	98J4（二）		折叠门
M-8	900×1 800	2	98J4（二）	1M32	
M-9	750×1 800	8	98J4（二）	1M02	

工程名称	朔州市鸿福苑小区 B-1
图别	建施
图号	01
图名	建筑设计说明、门窗表

班级________学号________姓名________

工程做法表

名称	工程做法	施工范围
坡屋面	红色陶瓦	
	20×30 挂瓦条	
	20×30 顺水压毡条中距 500～600	
	平行屋脊干铺油毡一层(搭接>80)	
	钢筋混凝土现浇楼板预埋 2 号镀锌铁丝中距 500～600(绑扎顺水条)	
	60 厚聚苯板挂钢丝网片抹灰	
平屋面	卧铺 10 厚缸地砖面层,干水泥扫缝,每 3 m×6 m 留 10 宽缝,填 1∶3 石灰砂浆;其结合层为 1∶3 干硬性水泥砂浆 25 厚(撒素水泥面,洒适量清水)	
	4 厚 SBS 高聚物改性沥青卷材防水层一道	
	20 厚 1∶3 水泥砂浆找平层	
	1∶6 水泥焦渣最低处 30 厚,找 2%坡度,振捣密实,表面抹光	
	100 厚聚苯乙烯泡沫塑料板保温层	
	钢筋混凝土现浇楼板	
水泥地面	40 厚 1∶2∶3 细石混凝土随打随抹	汽车库、地下室
	上撒 1∶1 水泥砂子抹面压实赶光	
	100 厚 3∶7 灰土	
	素土夯实	
铺地砖楼面(一)	10 厚铺地砖楼面,干水泥擦缝(防滑地砖)	卫生间
	撒素水泥面(洒适量清水)	
	20 厚 1∶4 干硬性水泥砂浆结合层	
	素水泥浆结合层一道	
	聚氨酯防水涂膜防水层	
	50 厚(最高处)1∶2∶4 细石混凝土从门口处向池漏找泛水	
	最低处不小于 30 厚	
	聚氨酯防水涂膜防水层	
	20 厚 1∶3 水泥砂浆找平层　四周抹小八字角	
	素水泥浆结合层一道	
	钢筋混凝土现浇楼板	
铺地砖楼面(二)	10 厚地砖铺面,干水泥擦缝	客厅、餐厅、走道、起居厅
	撒素水泥面(洒适量清水)	
	20 厚 1∶4 干硬性水泥砂浆结合层	
	40 厚细石混凝土随打随抹	
	钢筋混凝土现浇楼板	
木楼面	油漆	书房、卧室、衣帽间、楼梯踏步
	50×20 长条硬木企口地板(背面涂防腐剂)	
	50×70 木龙骨 400 中距,50×50 横撑,800 中距	
	90×90×20 木垫块找平后与木龙骨钉牢,400 中距	
	现浇钢筋混凝土板内预埋 10 号镀锌铁丝双道,纵向 1000 中距	
	横向 400 中距,绑扎木龙骨	
抹灰内墙面	喷内墙涂料	除卫生间以外的内墙
	5 厚 1∶2.5 水泥砂浆罩面压实赶光	
	13 厚 1∶3 水泥砂浆打底扫毛或划出纹道	
	素水泥浆一道(内掺水重 3%～5%的 107 胶)	

名称	工程做法	施工范围
釉面砖内墙面	白水泥擦缝	卫生间
	贴 5 厚釉面砖　面层(品种颜色另定)	
	8 厚 1∶0.1∶2.5 水泥石灰膏砂浆结合层	
	12 厚 1∶3 水泥砂浆打底扫毛或划出纹道	
外墙面(一)	1∶1 水泥砂浆(细砂)勾缝	±0.000 以下一层外墙
	贴 12 厚磨菇石(品种颜色另定)	
	12 厚 1∶0.2∶2 水泥石灰膏砂浆结合层(内掺水重 5%的 107 胶)	
	素水泥浆一道(内掺水重 3%～5%的 107 胶)	
	8 厚 1∶3 水泥砂浆打底扫毛或划出纹道	
外墙面(二)	喷乳白色仿石涂料面层	
	6 厚 1∶2.5 水泥砂浆罩面	
	12 厚 1∶3 水泥砂浆打底扫毛或划出纹道	
	20 厚 1∶3 水泥砂浆内加 5%防水粉　−0.060 墙身处	
墙身防潮顶棚板底抹灰	喷内墙涂料	除卫生间、厨房
	2 厚纸筋灰罩面	
	5 厚 1∶2.5 水泥砂浆罩面	
	5 厚 1∶3 水泥砂浆打底	
	钢筋混凝土板底刷素水泥浆一道(内掺水重 5%的 107 胶)	
板底抹水泥砂浆顶棚	喷内墙涂料	卫生间、厨房
	5 厚水泥砂浆抹面	
	5 厚 1∶2.5 水泥砂浆罩面	
	5 厚 1∶3 水泥砂浆打底	
	刷素水泥浆一道(内掺建筑胶)	
	钢筋混凝土板	
踢脚(一)	8 厚 1∶2 水泥砂浆罩面压实赶光	汽车库、地下室 高度:150 mm 暗装
	12 厚 1∶3 水泥砂浆打底扫毛或划出纹道	
踢脚(二)	贴 8 厚铺地砖踢脚	随地楼面高度:100 mm
	12 厚 1∶2 水泥砂浆	
水泥台阶	60 厚 150 号混凝土(厚度不包括踏步三角部分)	
	(小八厘内掺 3%的石屑)随打随嵌入混凝土内	
	(待混凝土稍干后拆模再把石子嵌入混凝土内),用斧剁毛	
	两遍成活,台阶面向外坡 1%	
	300 厚 3∶7 灰土(分两次打)	
	素土夯实	
散水	40 厚 150 号混凝土撒 1∶1 水泥砂子压实赶光	宽度 1 200 mm
	150 厚 3∶7 灰土	
	素土夯实向外坡 4%	
金属面油漆	磨退出亮	室外栏杆
	油漆两遍	
	调和漆一遍	
	刮腻子	
	防锈漆	

工程名称	朔州市鸿福苑小区 B-1
图别	建施
图号	02
图名	工程做法表

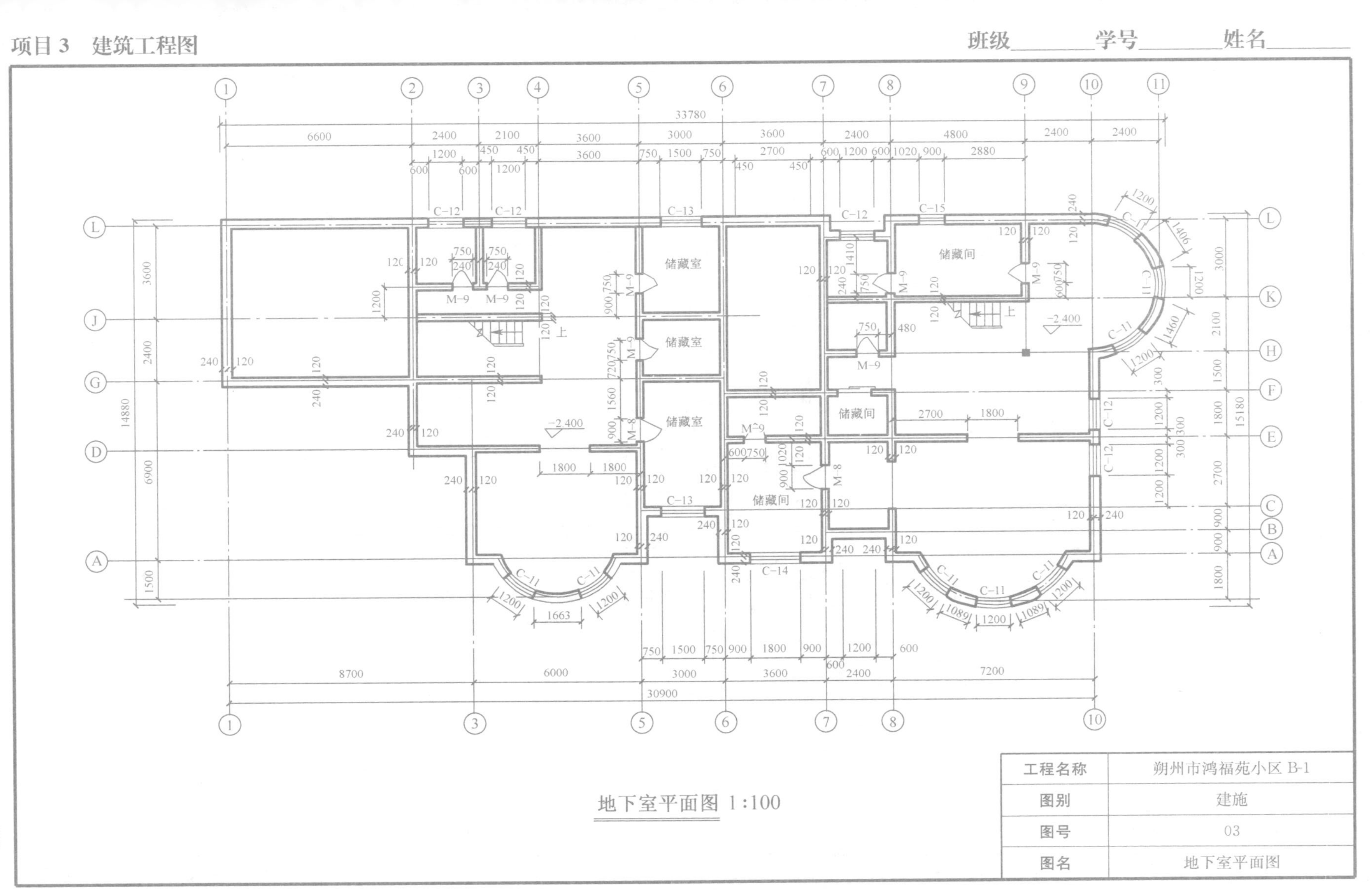

地下室平面图 1:100

工程名称	朔州市鸿福苑小区 B-1
图别	建施
图号	03
图名	地下室平面图

班级________学号________姓名________

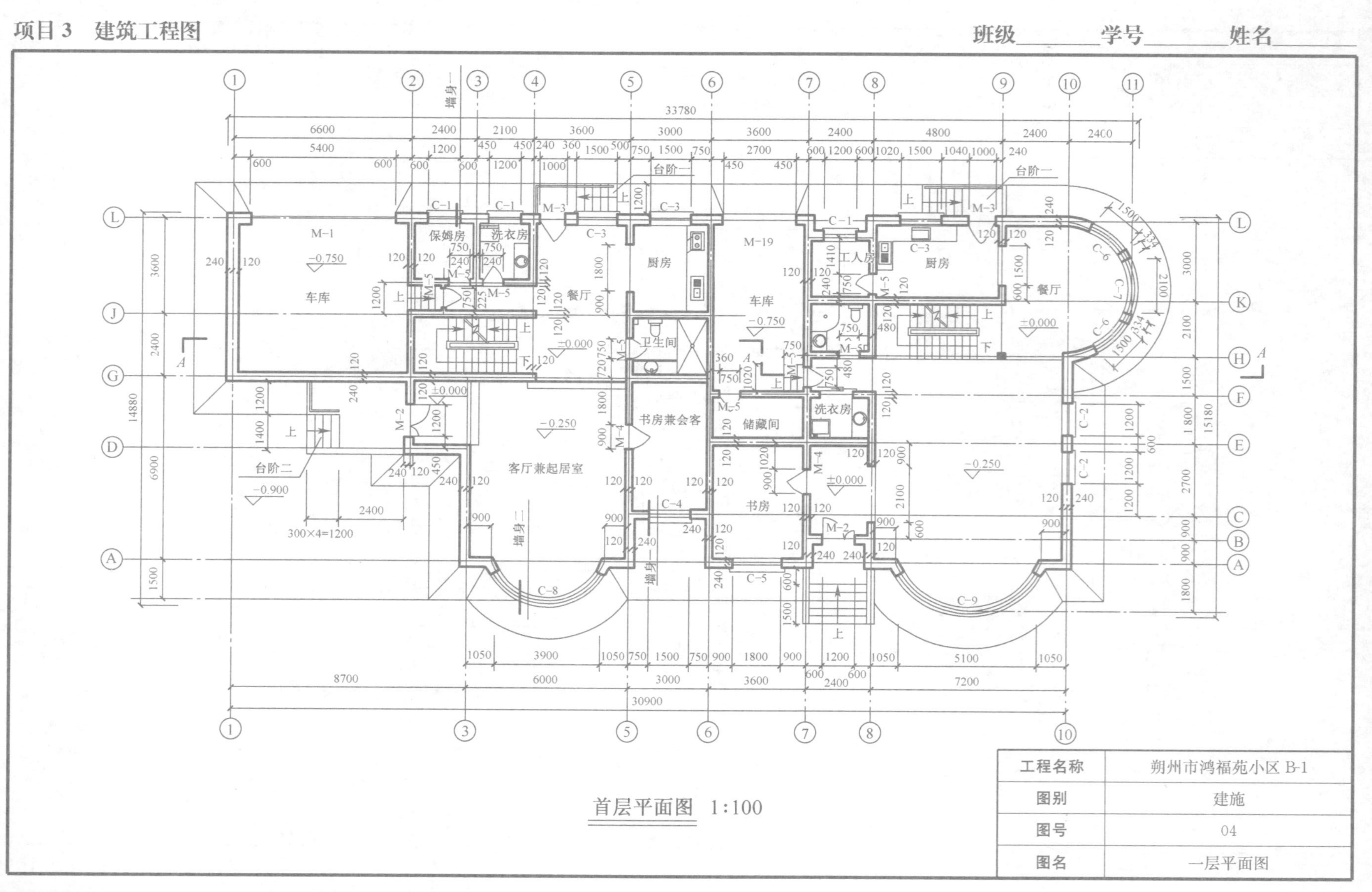
保姆房
洗衣房
车库
餐厅
厨房
卫生间
客厅兼起居室
书房兼会客
储藏间
工人房
书房
台阶一
台阶二
首层平面图 1:100
工程名称 朔州市鸿福苑小区 B-1
图别 建施
图号 04
图名 一层平面图

班级________ 学号________ 姓名________

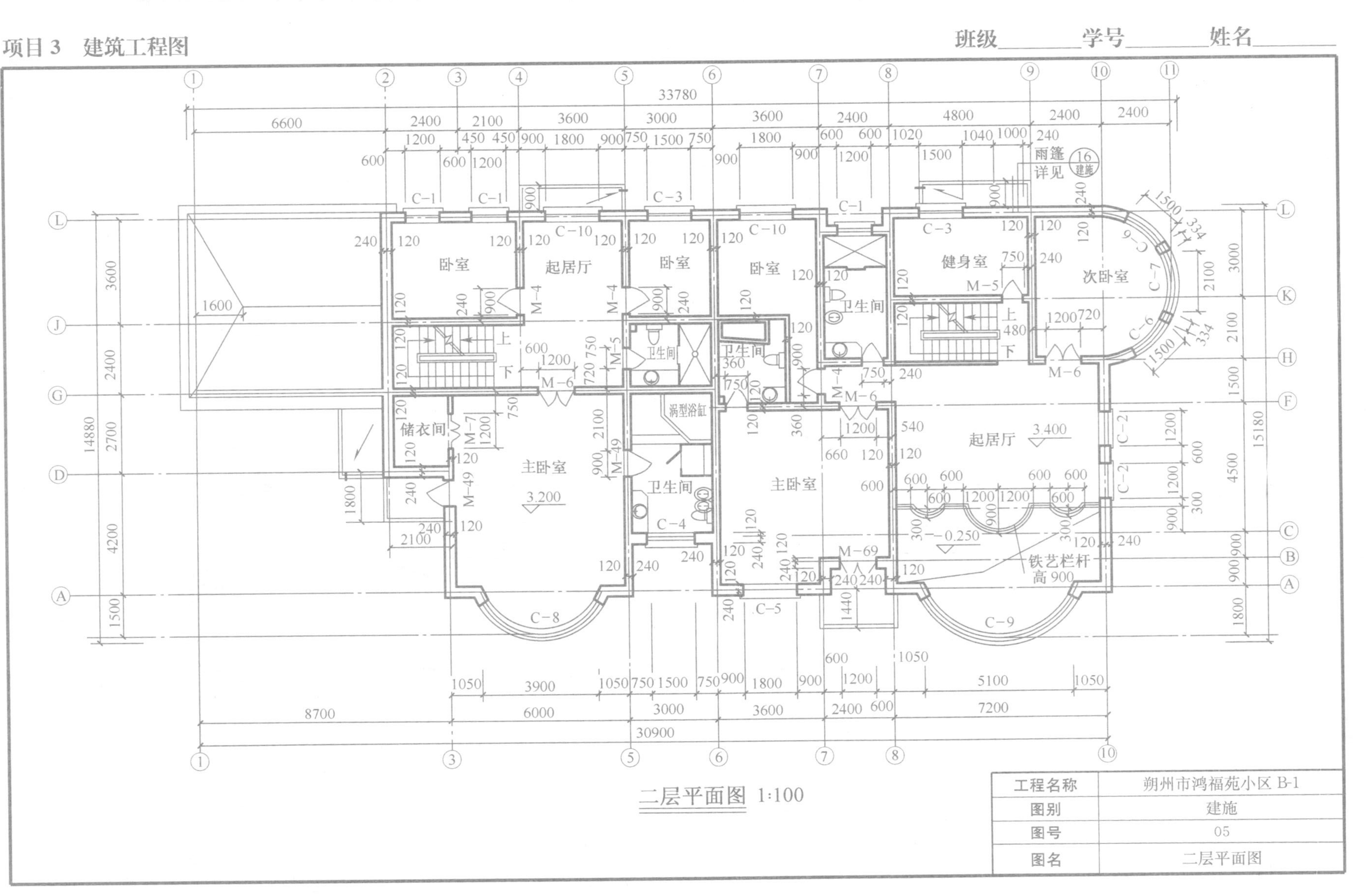

二层平面图 1:100

工程名称	朔州市鸿福苑小区 B-1
图别	建施
图号	05
图名	二层平面图

班级________ 学号________ 姓名________

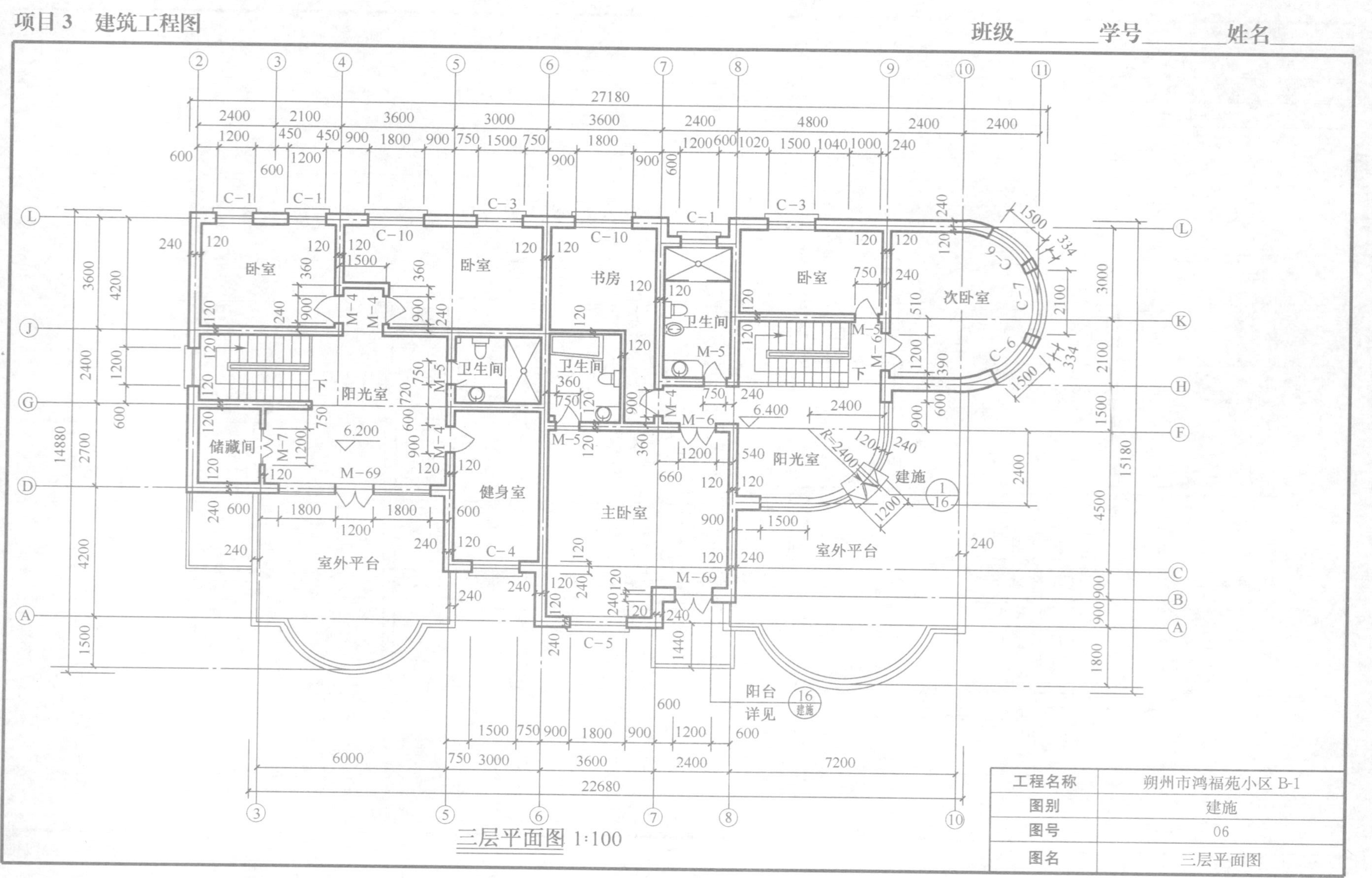

三层平面图 1:100

班级________ 学号________ 姓名________

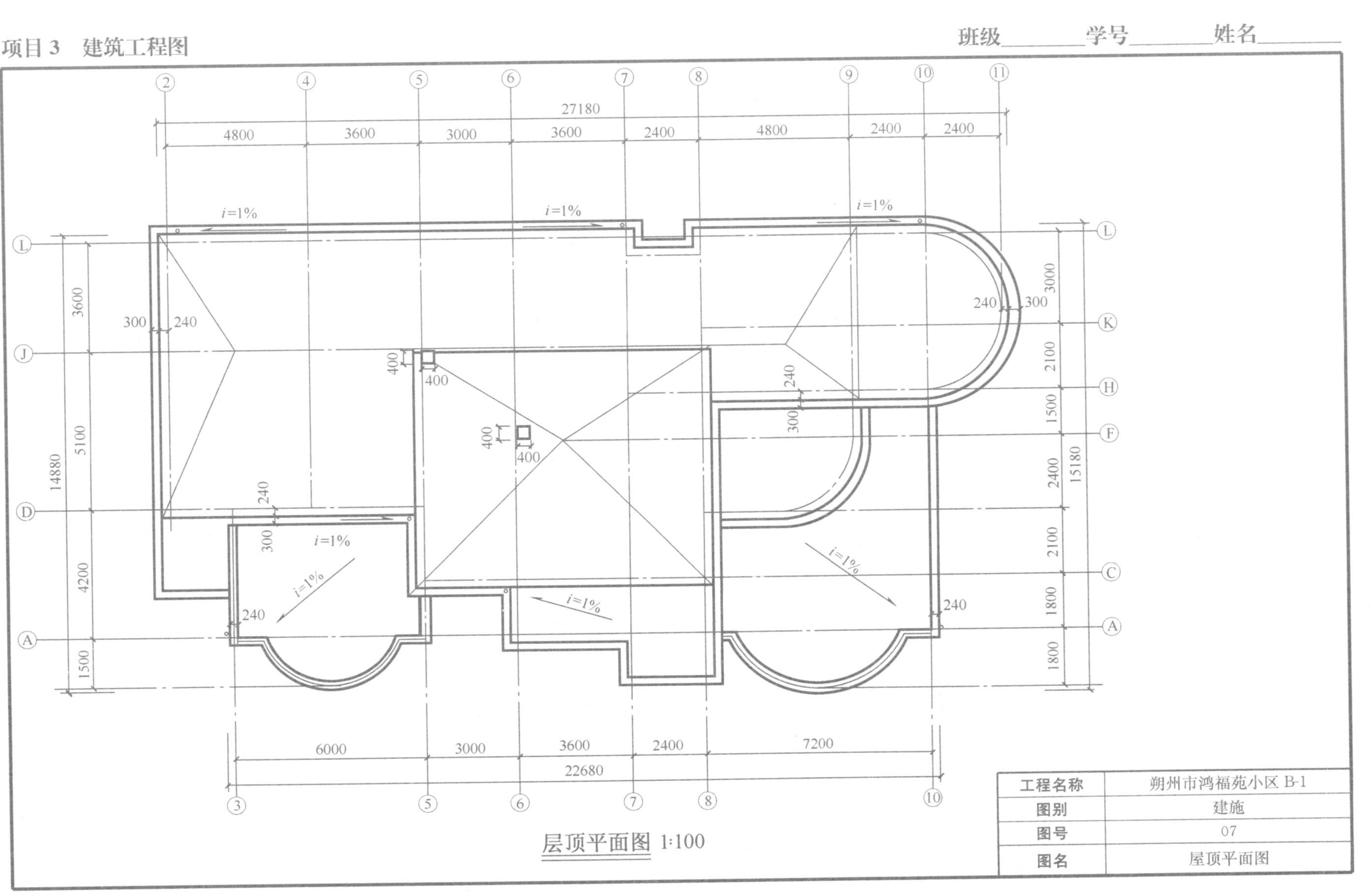

工程名称	朔州市鸿福苑小区 B-1
图别	建施
图号	07
图名	屋顶平面图

班级________学号________姓名________

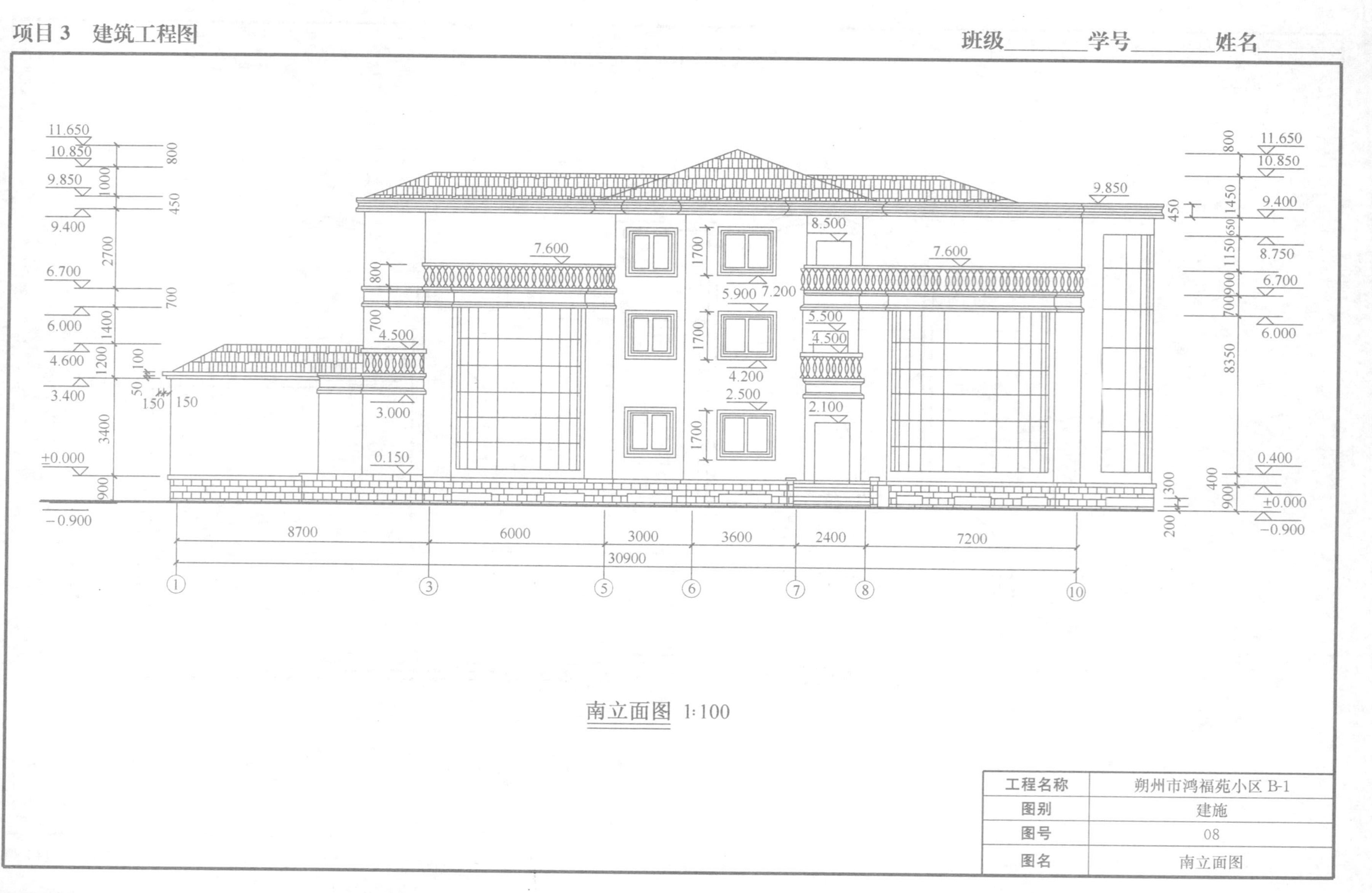

南立面图　1:100

工程名称	朔州市鸿福苑小区 B-1
图别	建施
图号	08
图名	南立面图

班级______ 学号______ 姓名______

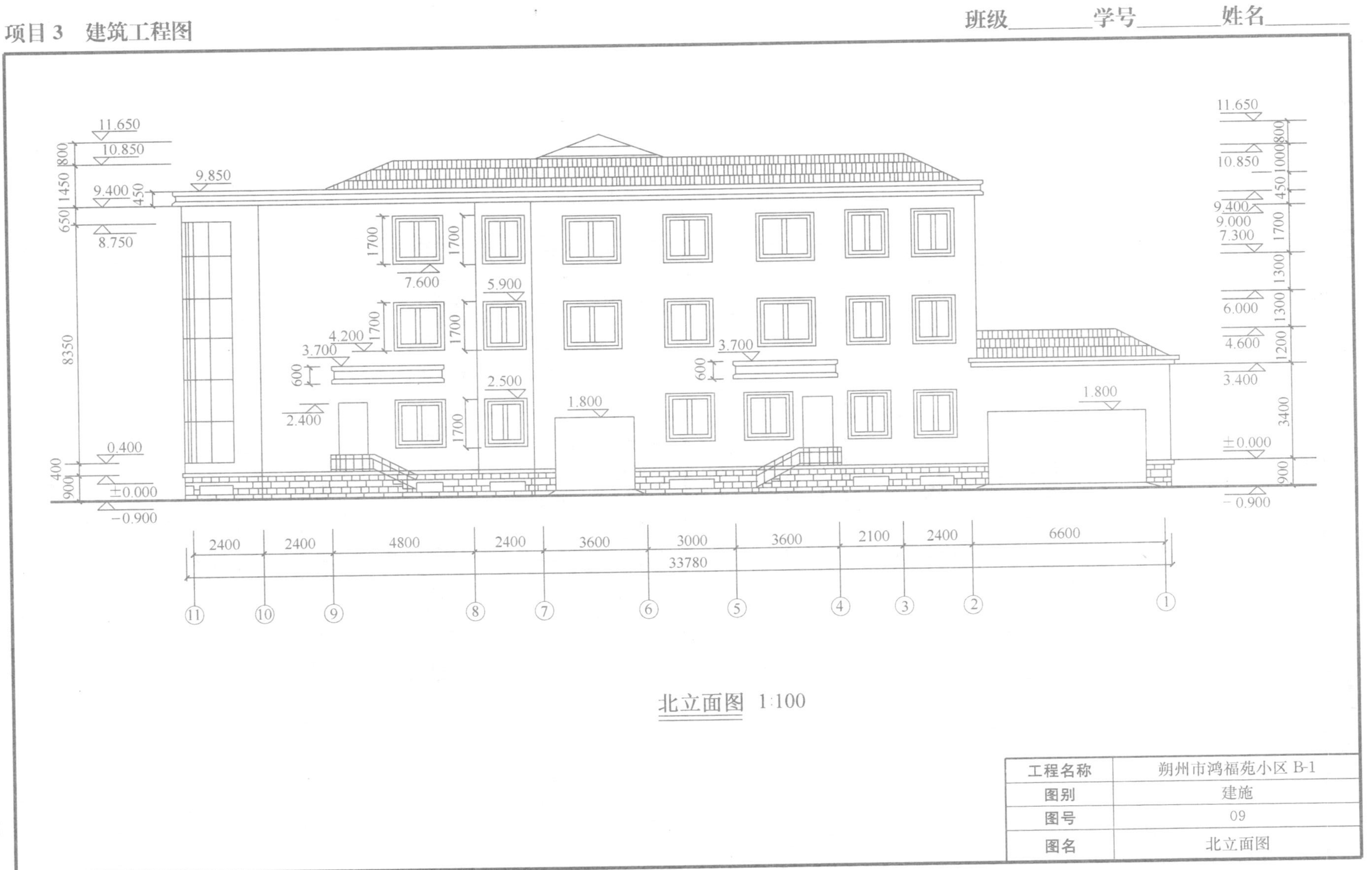

北立面图　1:100

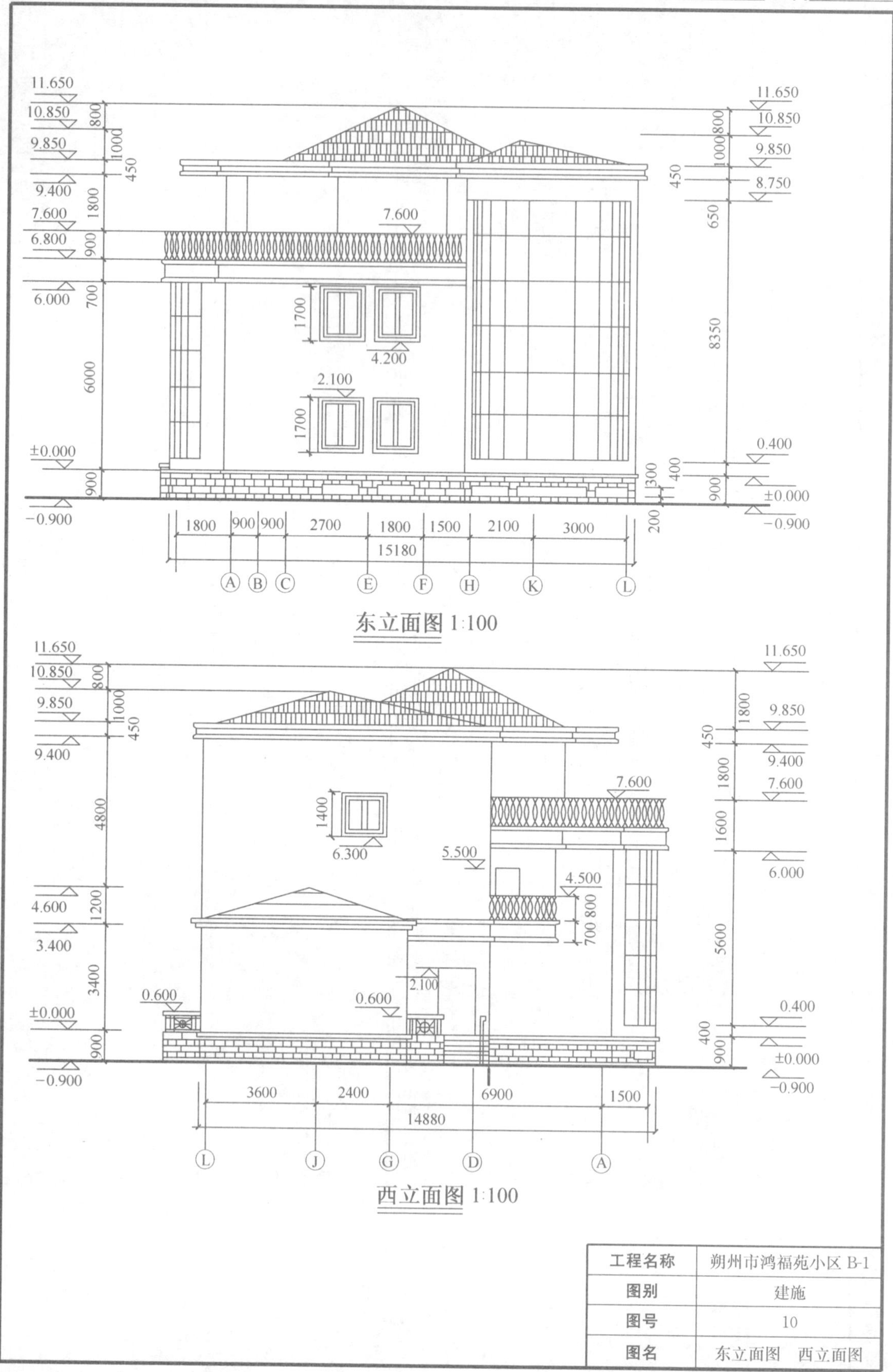

东立面图 1:100

西立面图 1:100

工程名称	朔州市鸿福苑小区 B-1
图别	建施
图号	10
图名	东立面图　西立面图

班级________ 学号________ 姓名________

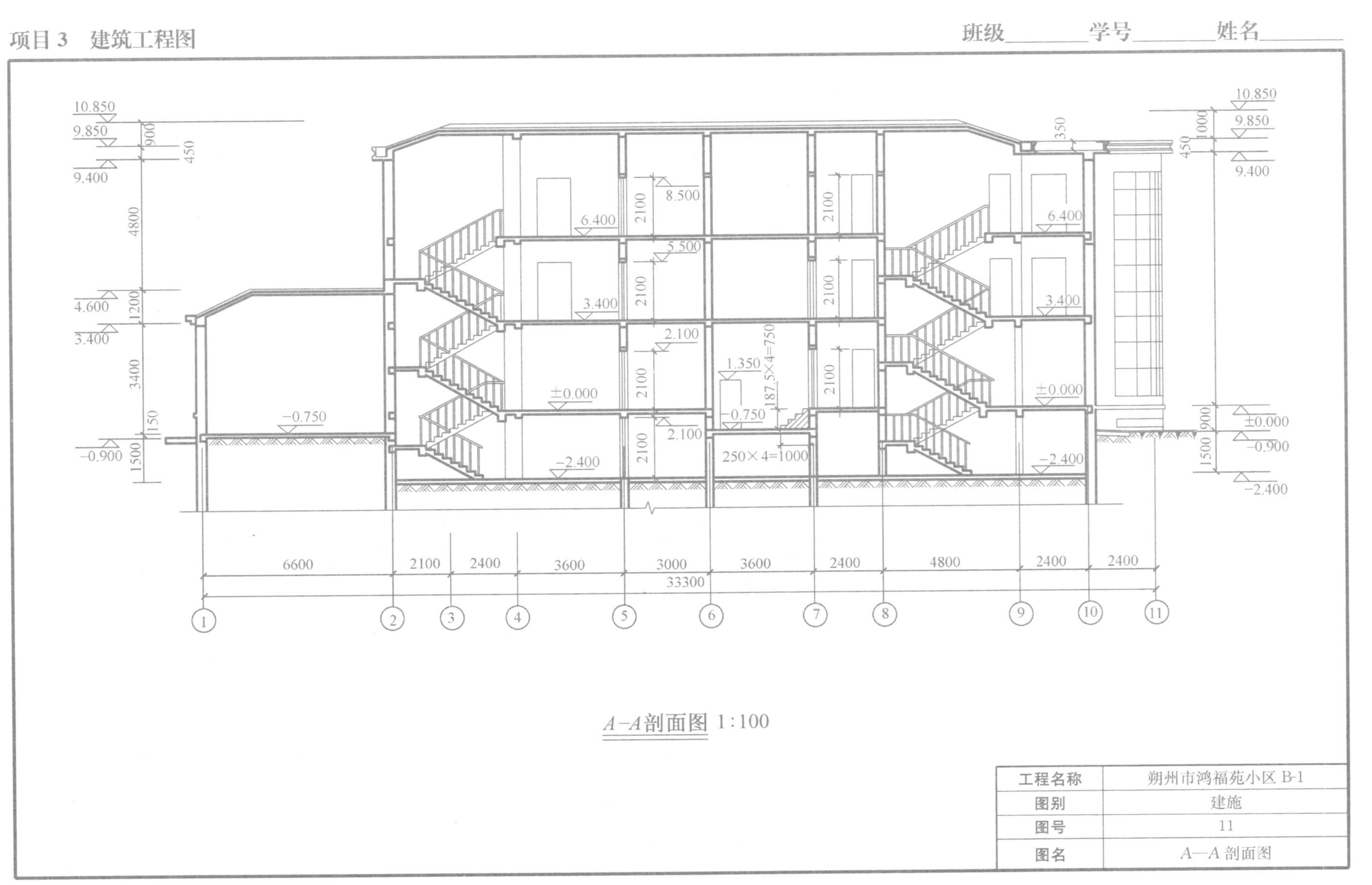

A-A剖面图 1:100

工程名称	朔州市鸿福苑小区 B-1
图别	建施
图号	11
图名	A—A 剖面图

班级________ 学号________ 姓名________

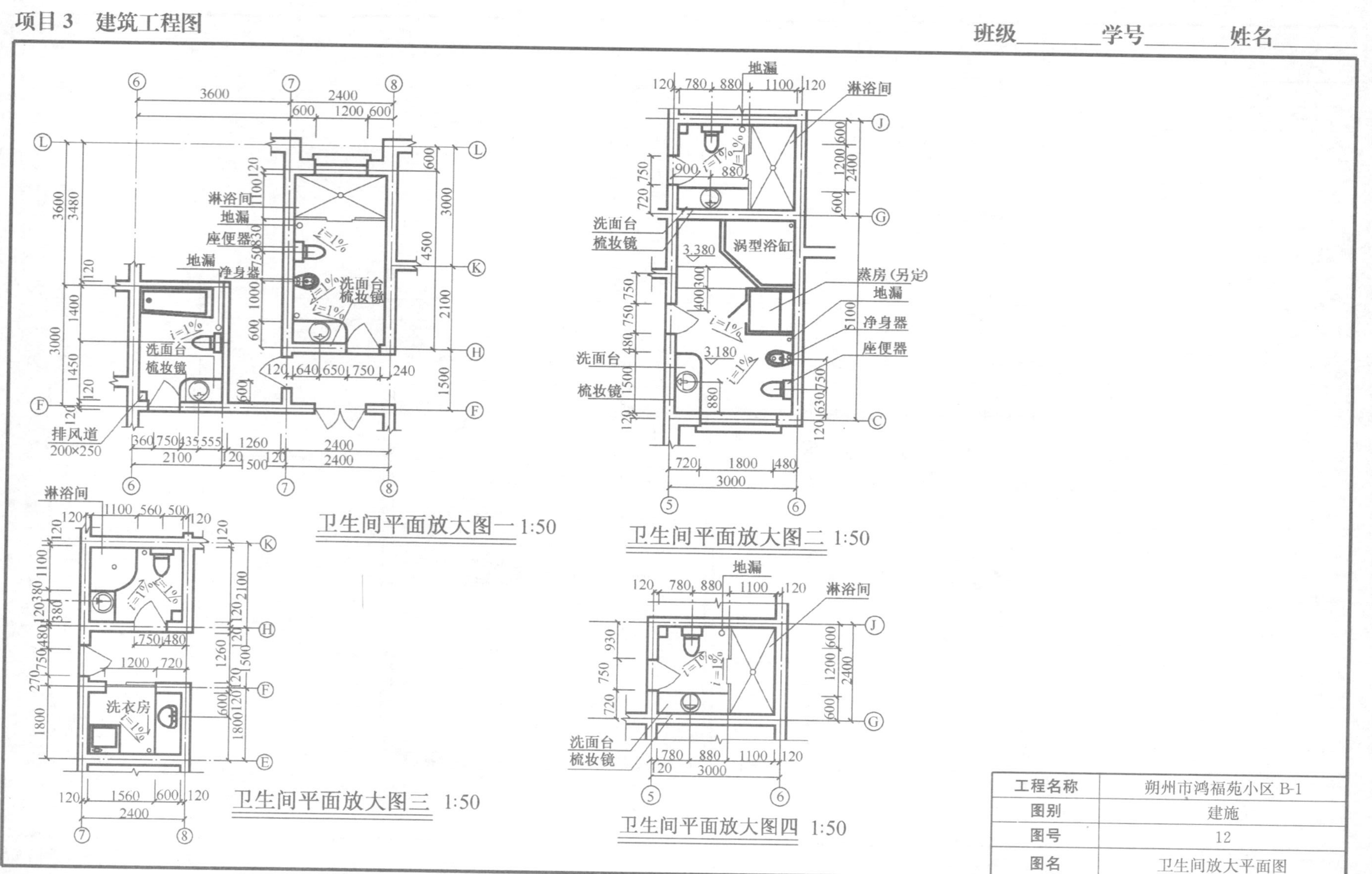

工程名称	朔州市鸿福苑小区 B-1
图别	建施
图号	12
图名	卫生间放大平面图

班级________ 学号________ 姓名________

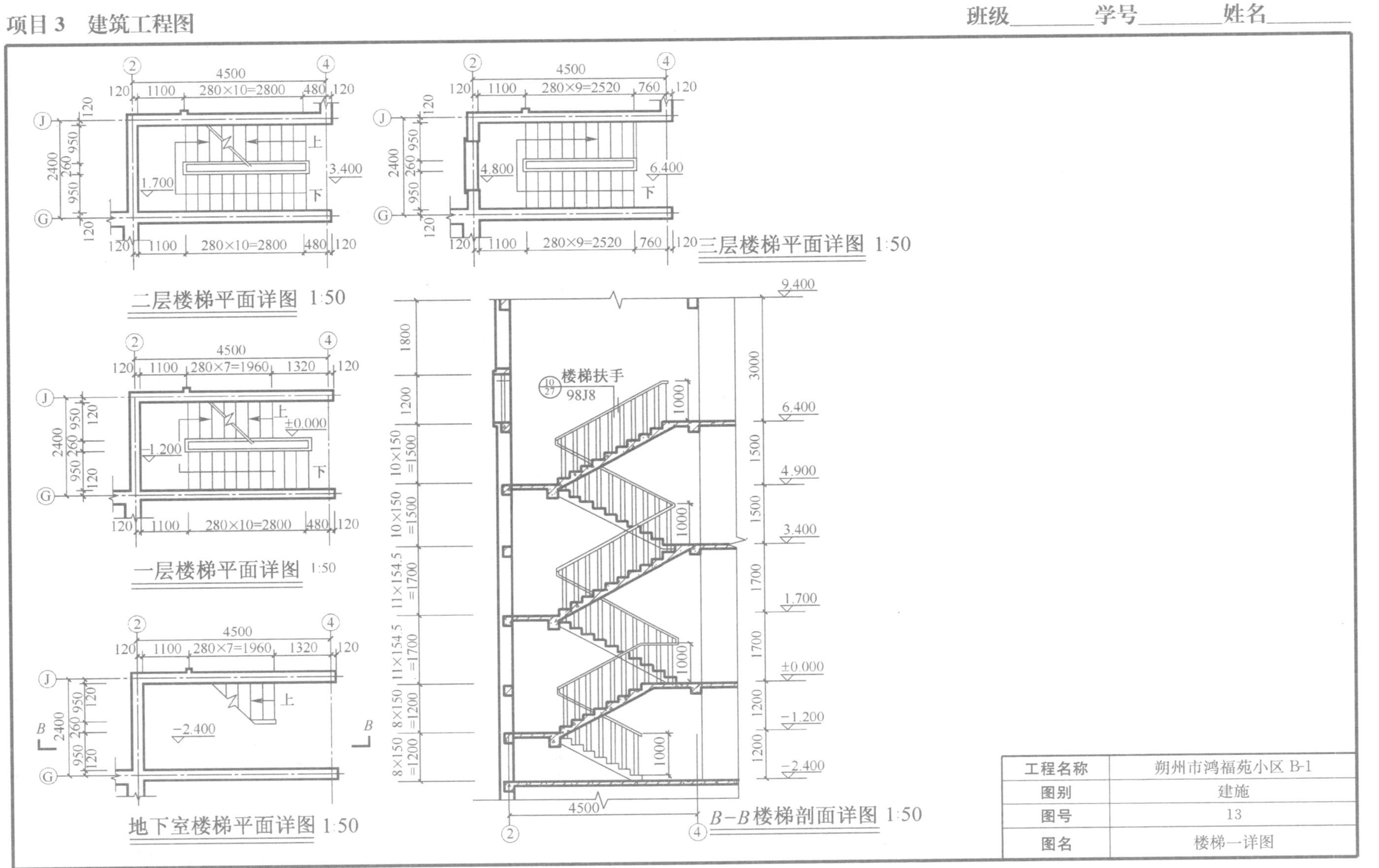

二层楼梯平面详图 1:50
三层楼梯平面详图 1:50
一层楼梯平面详图 1:50
地下室楼梯平面详图 1:50
B−B楼梯剖面详图 1:50
楼梯扶手
98J8
4500
280×10=2800
280×9=2520
280×7=1960
1100
1320
760
480
120
2400
950
260
3.400
1.700
4.800
6.400
±0.000
−1.200
−2.400
4.900
9.400
上
下
1800
1200
10×150 =1500
11×154.5 =1700
8×150 =1200
3000
1500
1700
1000
工程名称
朔州市鸿福苑小区 B-1
图别
建施
图号
13
图名
楼梯一详图

班级________学号________姓名________

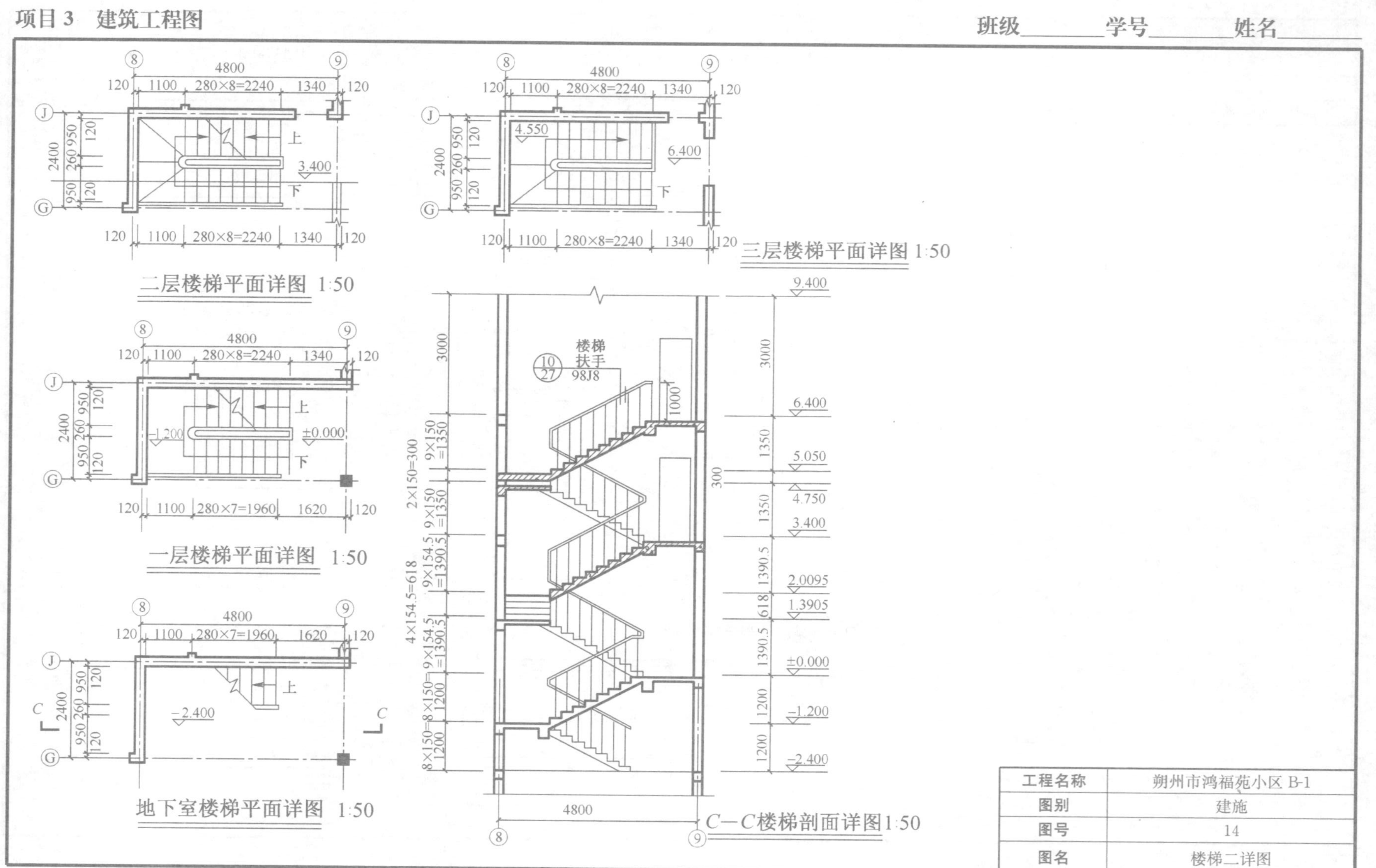

工程名称	朔州市鸿福苑小区 B-1
图别	建施
图号	14
图名	楼梯二详图

班级________学号________姓名________

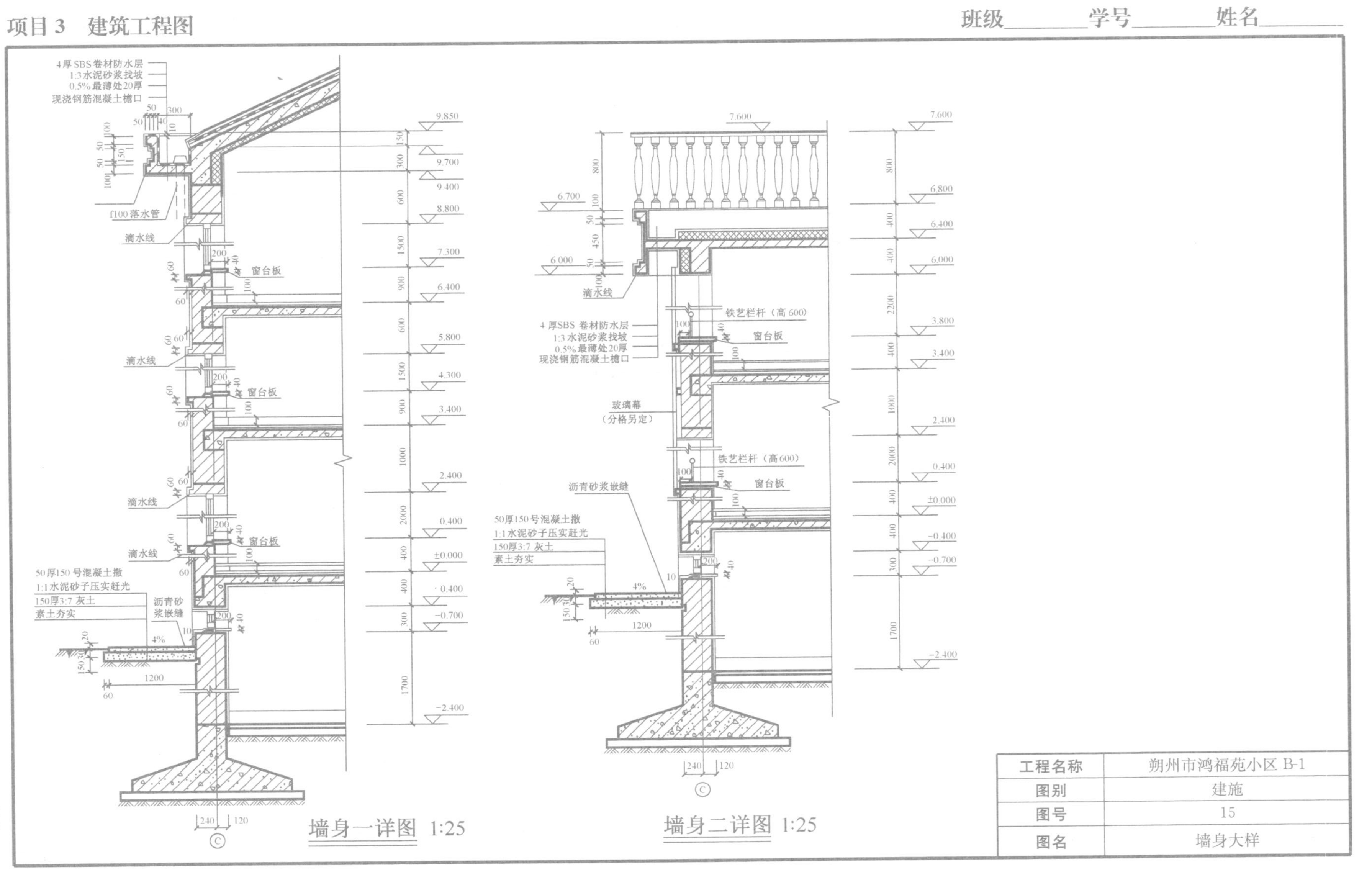
4厚SBS卷材防水层
1:3水泥砂浆找坡
0.5%最薄处20厚
现浇钢筋混凝土檐口
∏100落水管
滴水线
窗台板
50厚150号混凝土撤
1:1水泥砂子压实赶光
150厚3:7灰土
素土夯实
沥青砂浆嵌缝
4%
9.850
9.700
9.400
8.800
7.300
6.400
5.800
4.300
3.400
2.400
0.400
±0.000
-0.400
-0.700
-2.400
墙身一详图 1:25
7.600
6.800
6.700
6.000
3.800
铁艺栏杆（高600）
玻璃幕
（分格另定）
墙身二详图 1:25
工程名称
朔州市鸿福苑小区 B-1
图别
建施
图号
15
图名
墙身大样

班级________ 学号________ 姓名________

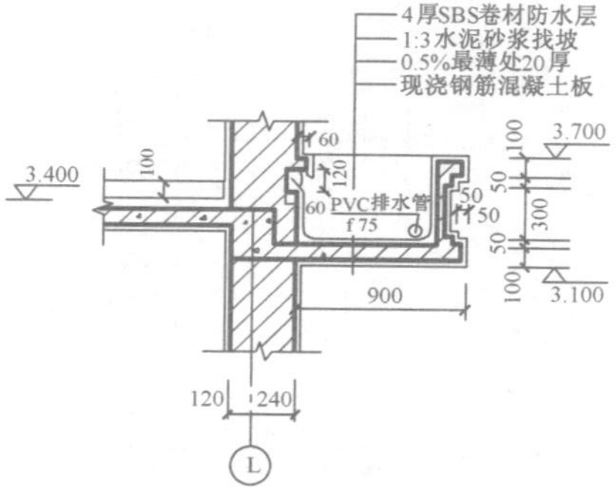

雨篷剖面详图 1:25

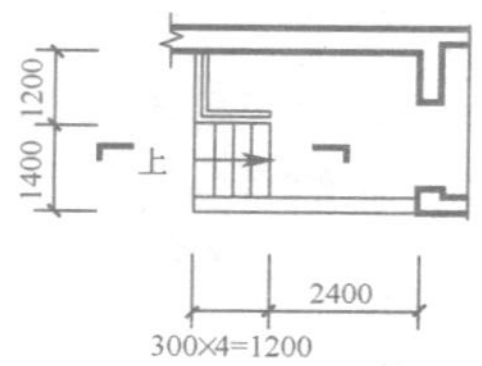

室外台阶二平面放大图 1:100

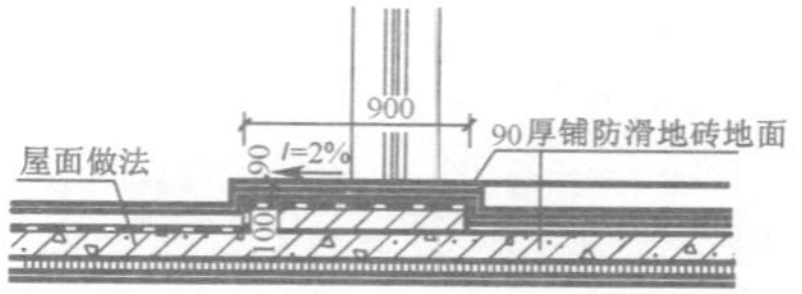

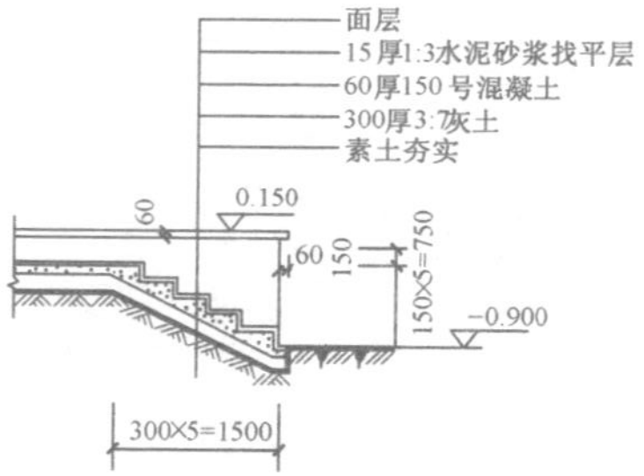

室外台阶二剖面放大图 1:50

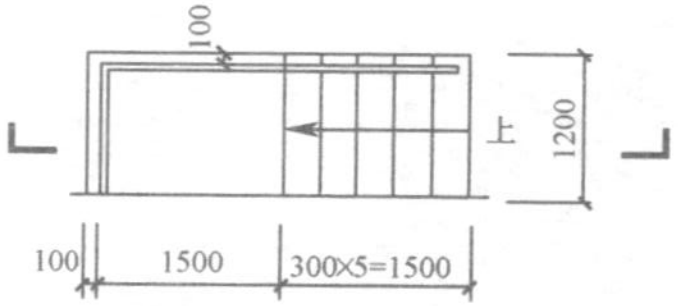

1:25

室外台阶一平面放大图 1:50

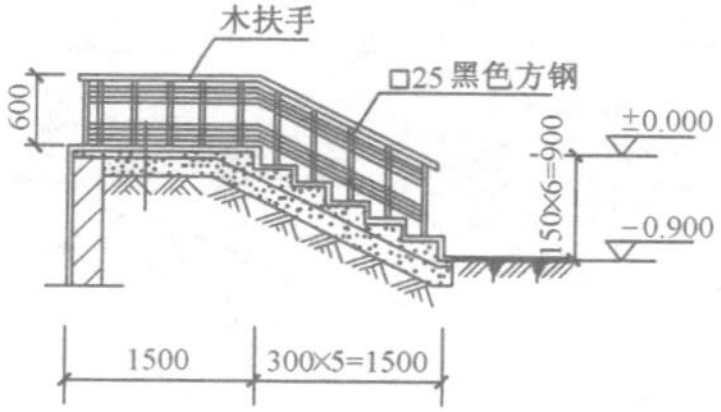

室外台阶一剖面放大图 1:50

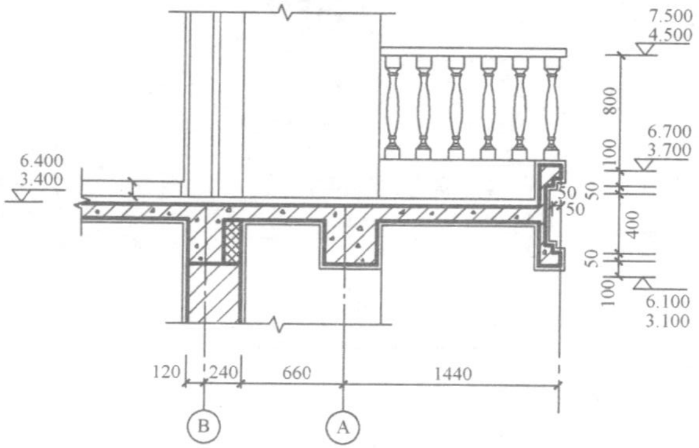

阳台剖面详图 1:25

工程名称	朔州市鸿福苑小区 B-1
图别	建施
图号	16
图名	节点放大图

班级________ 学号________ 姓名________

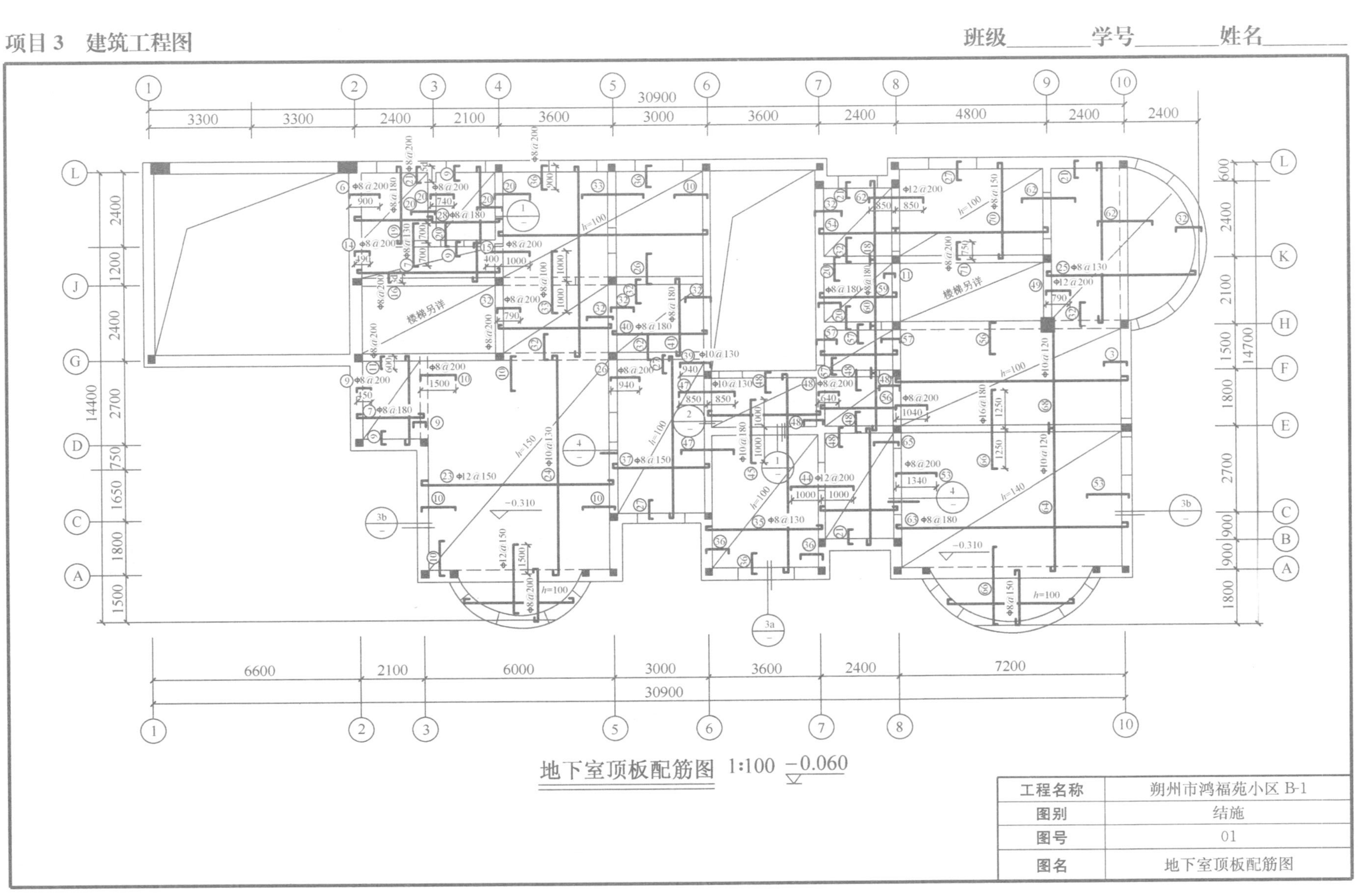
地下室顶板配筋图 1:100 −0.060
工程名称
朔州市鸿福苑小区 B-1
图别
结施
图号
01
图名
地下室顶板配筋图
30900
3300
3300
2400
2100
3600
3000
3600
2400
4800
2400
2400
6600
2100
6000
3000
3600
2400
7200
14400
14700
楼梯另详
−0.310

班级________ 学号________ 姓名________

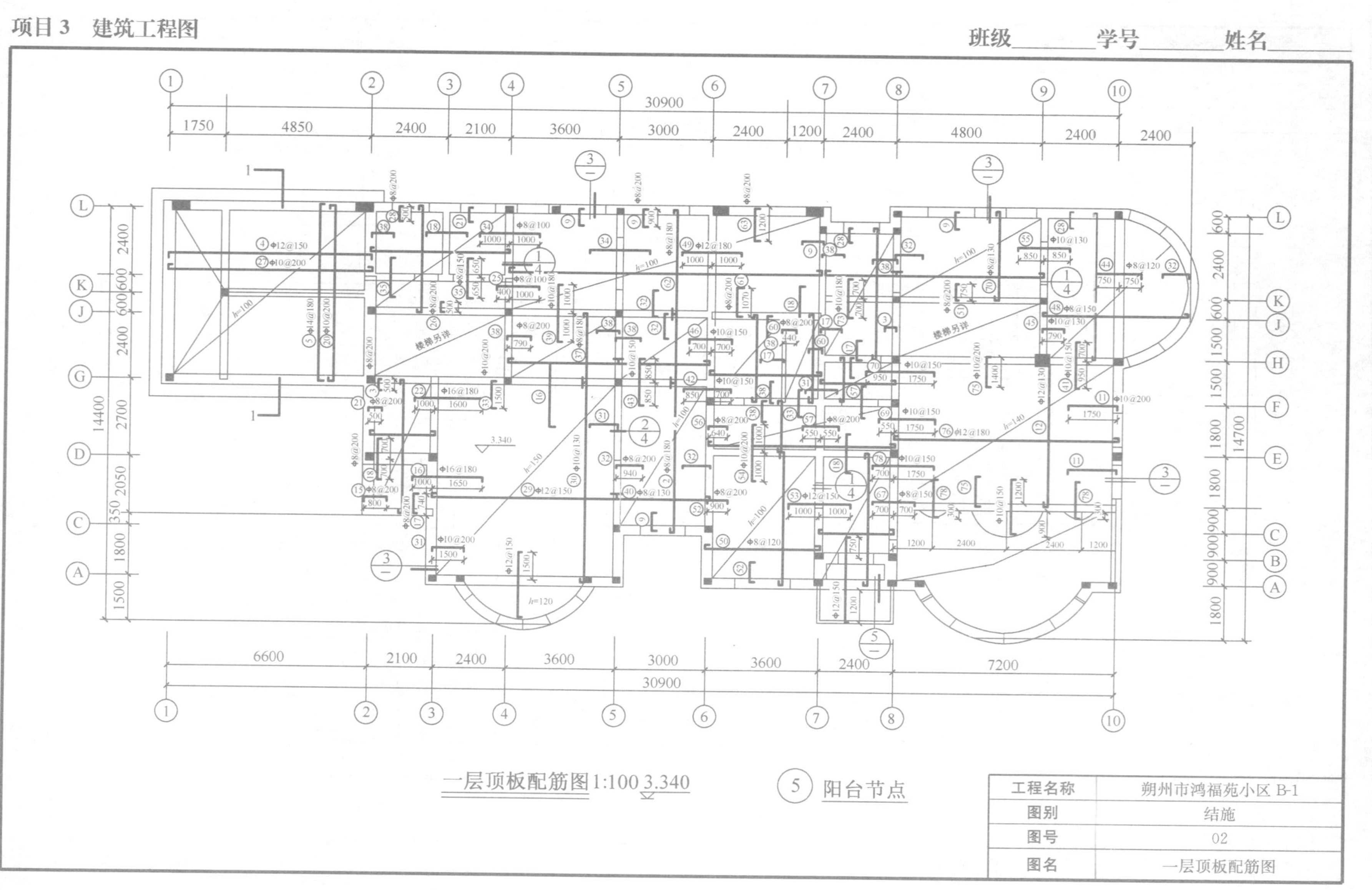

一层顶板配筋图 1:100 3.340
5 阳台节点
工程名称 朔州市鸿福苑小区 B-1
图别 结施
图号 02
图名 一层顶板配筋图

班级________ 学号________ 姓名________

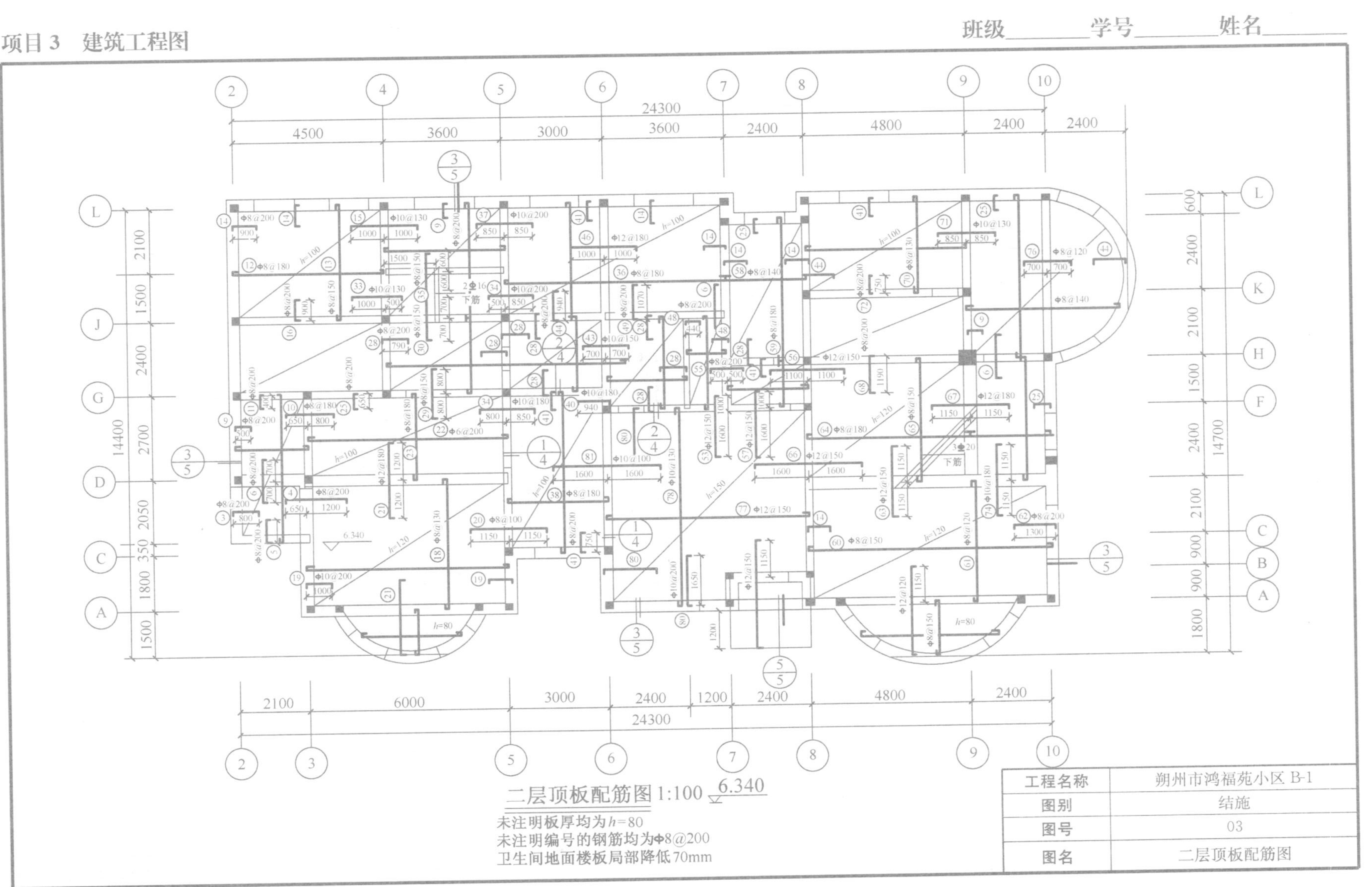
二层顶板配筋图 1:100 6.340
未注明板厚均为h=80
未注明编号的钢筋均为Φ8@200
卫生间地面楼板局部降低70mm
24300
14400
14700
工程名称
朔州市鸿福苑小区 B-1
图别
结施
图号
03
图名
二层顶板配筋图

班级________学号________姓名________

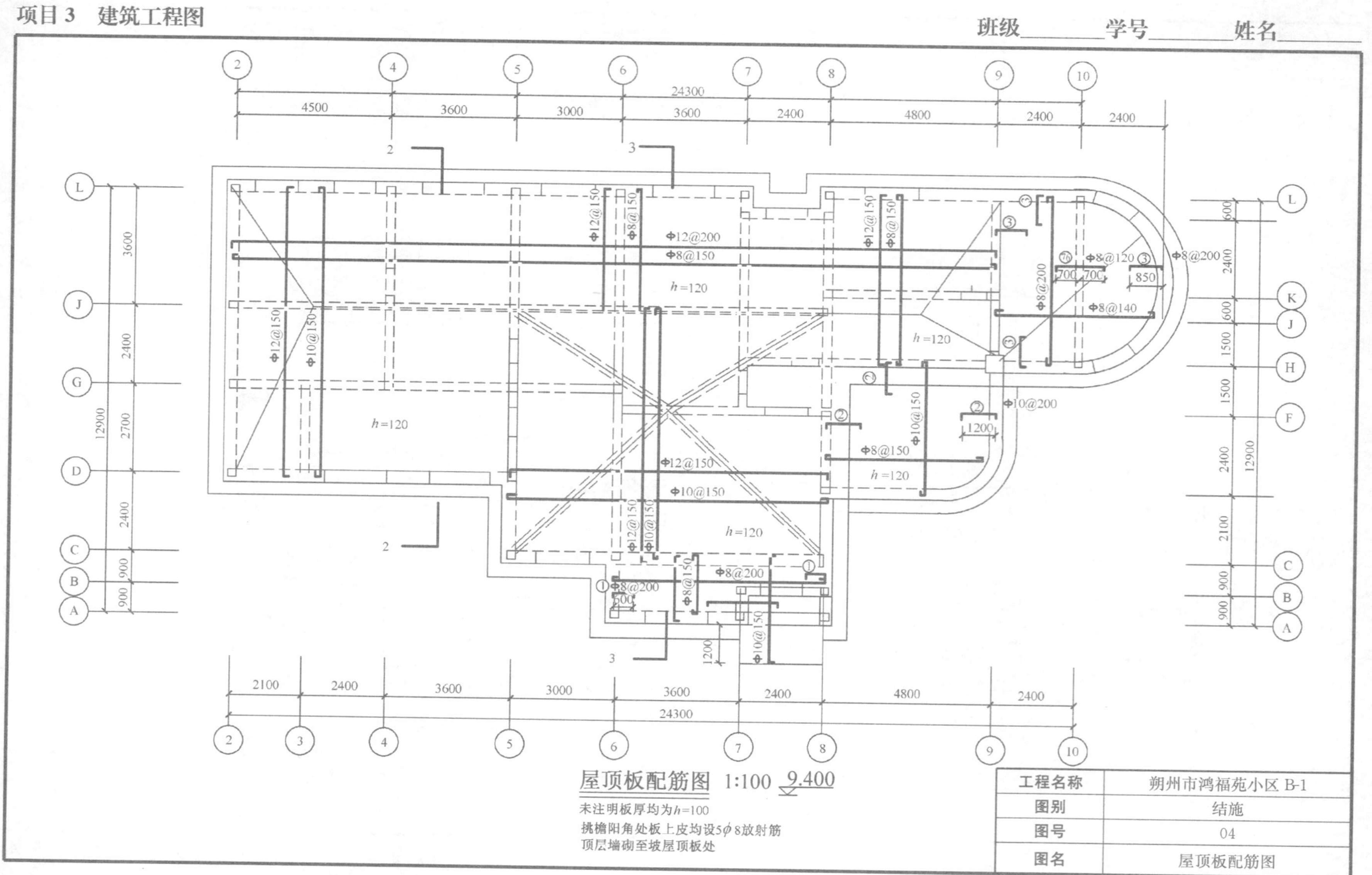

工程名称	朔州市鸿福苑小区 B-1
图别	结施
图号	04
图名	屋顶板配筋图

班级________学号________姓名________

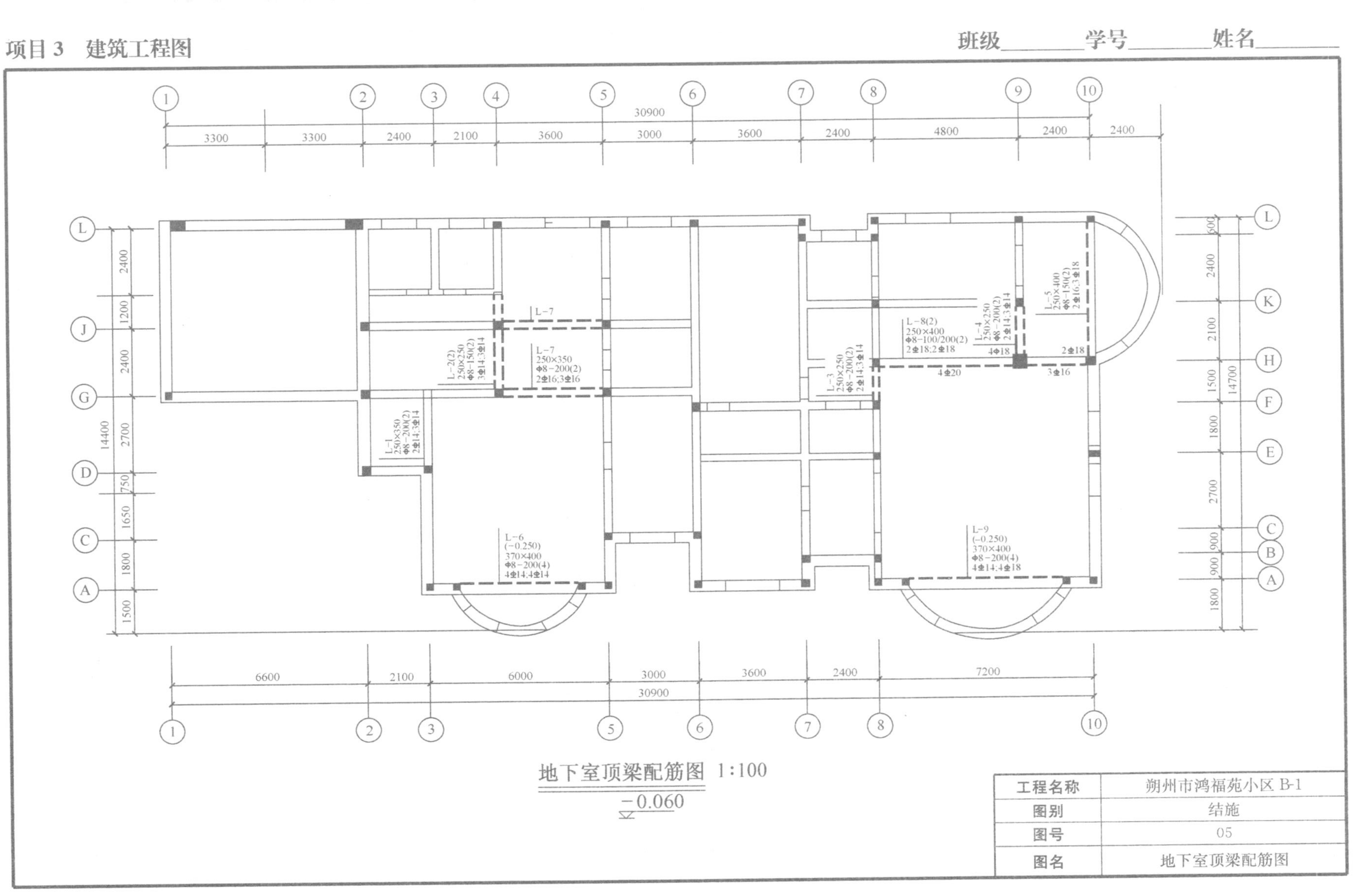

地下室顶梁配筋图　1:100

−0.060

工程名称	朔州市鸿福苑小区 B-1
图别	结施
图号	05
图名	地下室顶梁配筋图

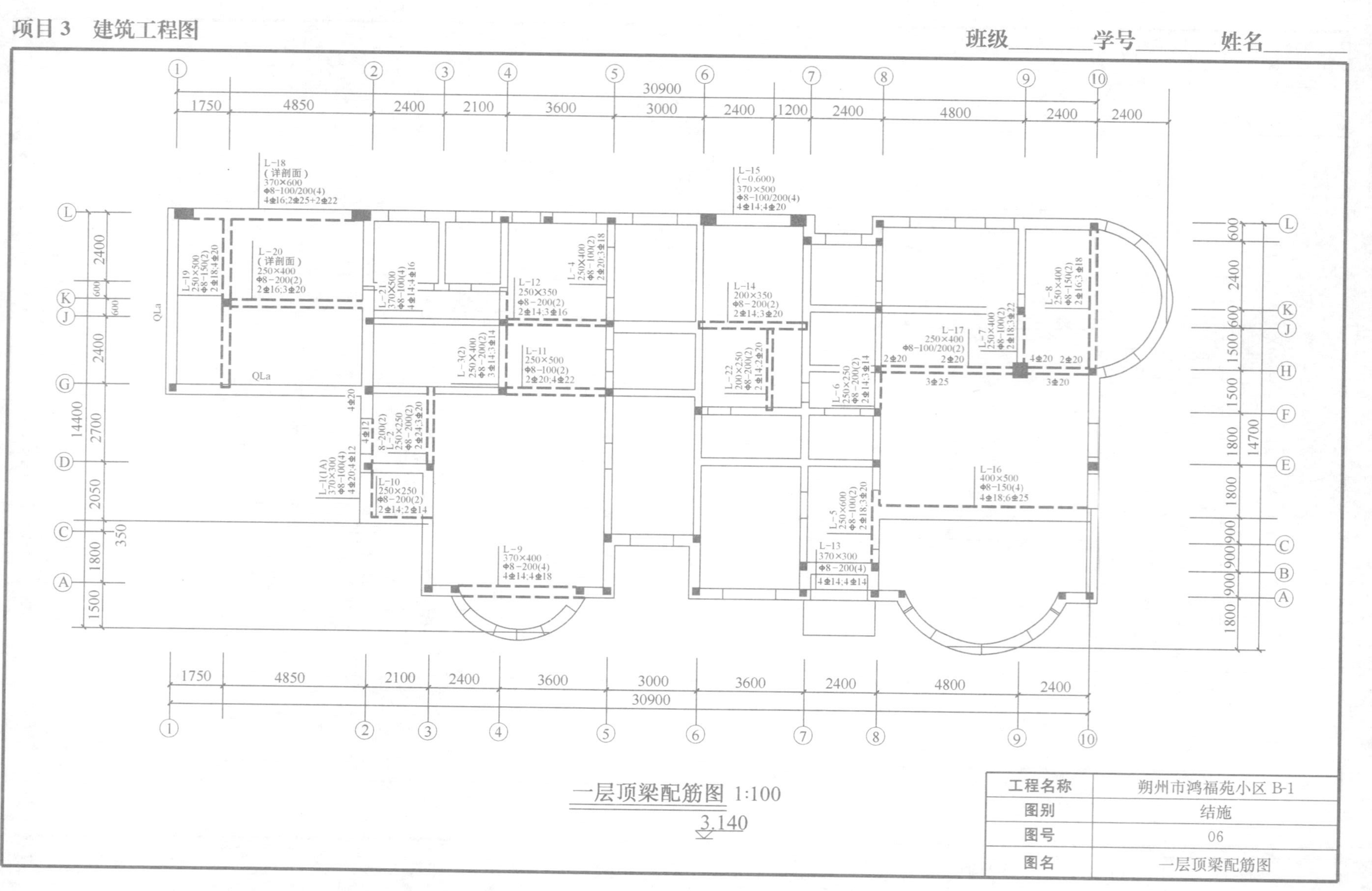
一层顶梁配筋图 1:100
3.140
工程名称
朔州市鸿福苑小区 B-1
图别
结施
图号
06
图名
一层顶梁配筋图

班级________学号________姓名________

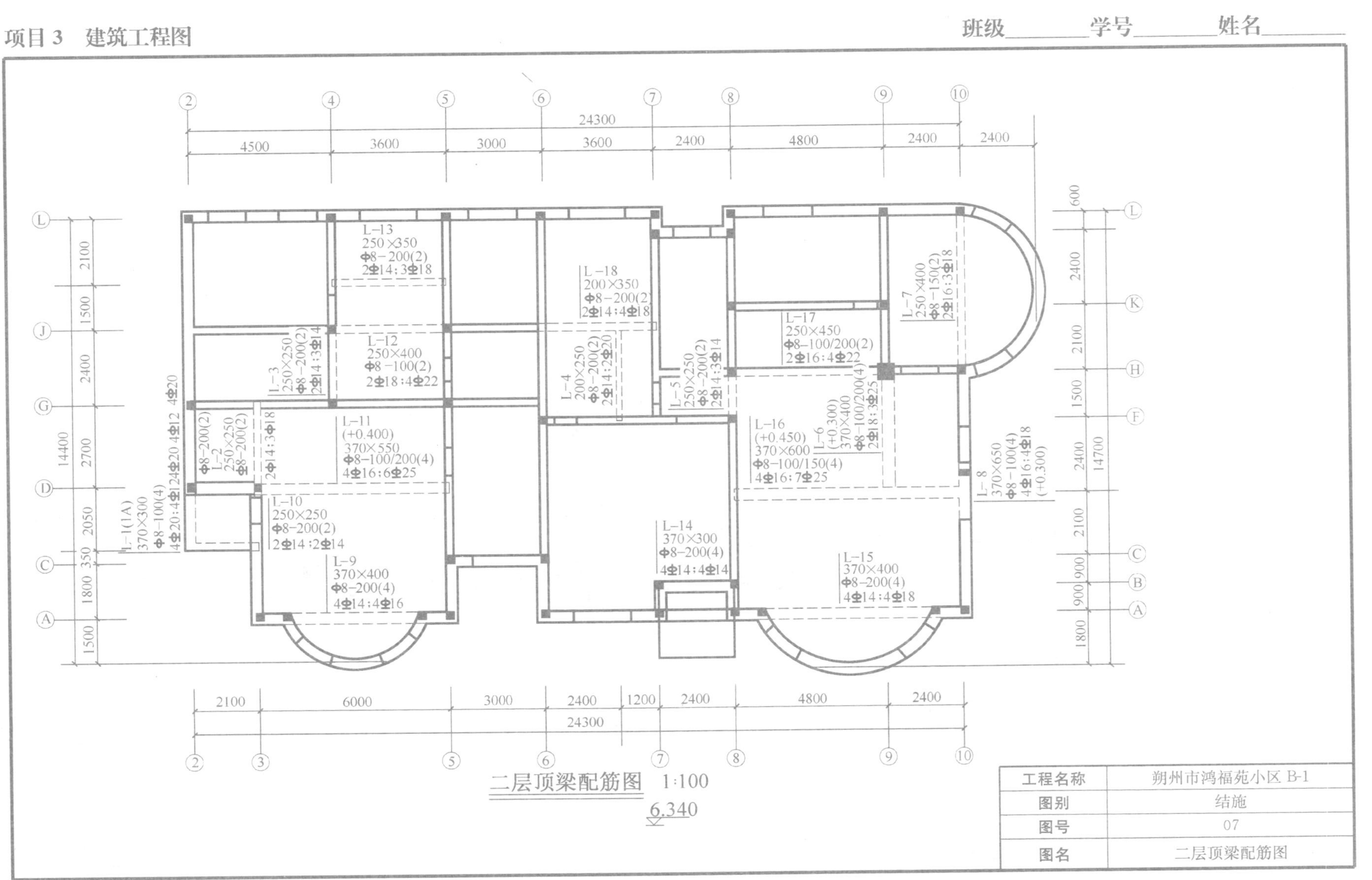

二层顶梁配筋图　1:100

6.340

工程名称	朔州市鸿福苑小区 B-1
图别	结施
图号	07
图名	二层顶梁配筋图

班级________ 学号________ 姓名________

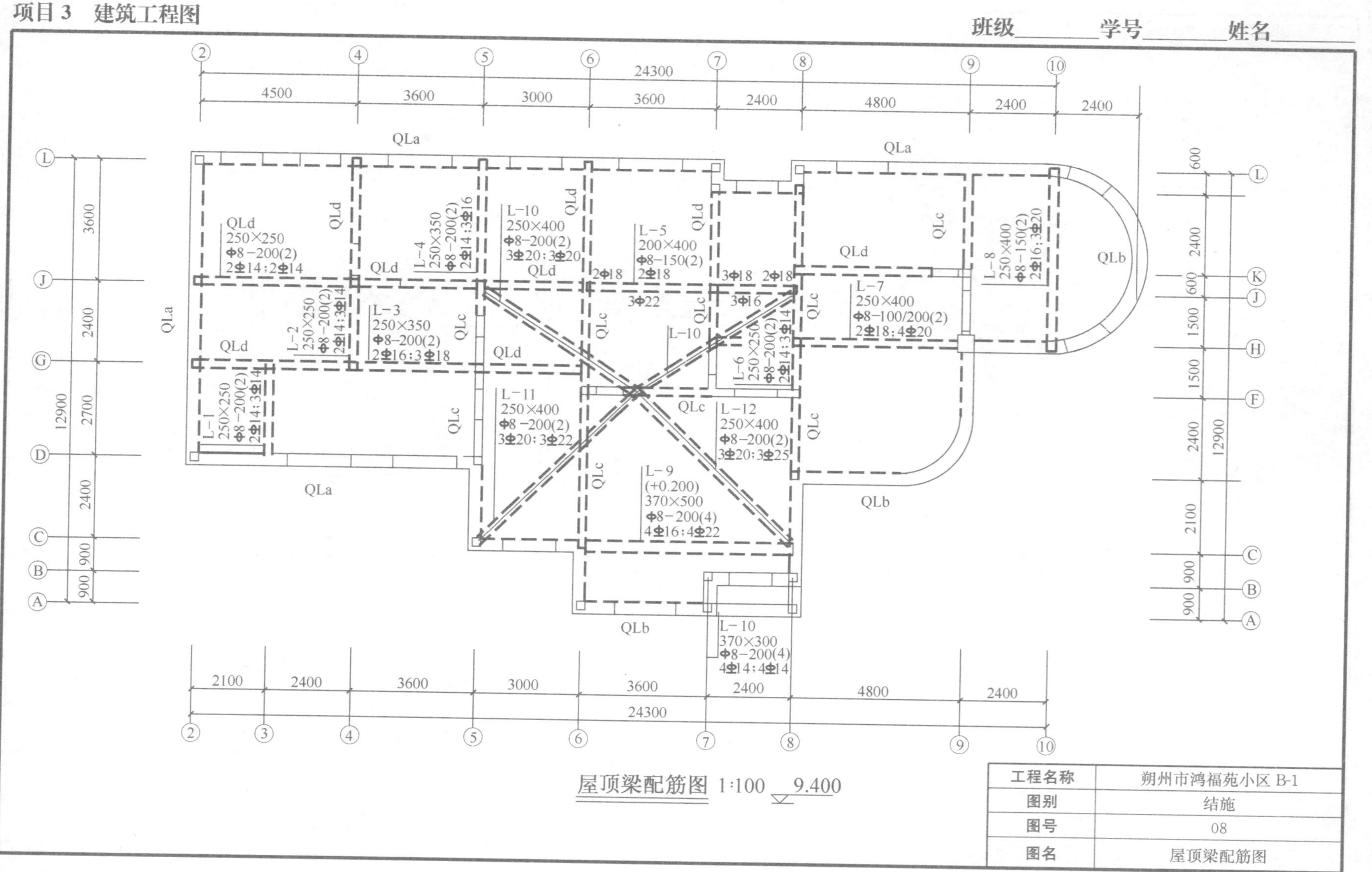
24300
4500
3600
3000
3600
2400
4800
2400
2400
QLa
QLd
250×250
Φ8－200(2)
2Φ14；2Φ14
L－4
250×350
Φ8－200(2)
2Φ14；3Φ16
L－10
250×400
Φ8－200(2)
3Φ20；3Φ20
L－5
200×400
Φ8－150(2)
2Φ18
3Φ22
3Φ18
2Φ18
3Φ16
L－7
250×400
Φ8－100/200(2)
2Φ18；4Φ20
L－8
250×400
Φ8－150(2)
2Φ16；3Φ20
QLb
QLc
L－2
250×250
Φ8－200(2)
2Φ14；3Φ14
L－3
250×350
Φ8－200(2)
2Φ16；3Φ18
L－6
250×250
Φ8－200(2)
2Φ14；3Φ14
L－1
250×250
Φ8－200(2)
2Φ14；3Φ14
L－11
250×400
Φ8－200(2)
3Φ20；3Φ22
L－12
250×400
Φ8－200(2)
3Φ20；3Φ25
L－9
(+0.200)
370×500
Φ8－200(4)
4Φ16；4Φ22
L－10
370×300
Φ8－200(4)
4Φ14；4Φ14
12900
2100
屋顶梁配筋图 1:100 9.400
工程名称
朔州市鸿福苑小区 B-1
图别
结施
图号
08
图名
屋顶梁配筋图

参考文献

[1] 莫章金. 建筑工程制图与识图 [M]. 北京：高等教育出版社，2006.
[2] 牟明. 工程制图与识图 [M]. 北京：人民交通出版社. 2008.
[3] 何铭新，郎宝敏，陈星铭. 建筑工程制图 [M]，北京：高等教育出版社，2001.
[4] 牟明. 工程制图与识图 [M]. 北京：人民交通出版社，2008.
[5] 刘志麟. 建筑制图 [M]. 北京：机械工业出版社，2001.
[6] 高丽荣. 建筑制图 [M]. 北京：北京大学出版社，2010.
[7] 王强. 建筑工程制图与识图 [M]. 北京：机械工业出版社，2010.
[8] 王子茹. 房屋建筑结构识图 [M]. 北京：中国建材工业出版社，2001.
[9] 和丕壮，王鲁宁. 交通土建工程制图 [M]. 北京：人民交通出版社，2001.
[10] 宋兆全. 画法几何及工程制图 [M]. 北京：中国铁道出版社，2002.
[11] 张新来. 工程制图 [M]. 北京：中国铁道出版社，2001.
[12] 马瑞强，何林生. 钢结构构造与识图 [M]. 北京：人民交通出版社，2010.
[13] 苏明周. 钢结构 [M]. 北京：中国建筑工业出版社，2003.